BEITRÄGE

AKADEMIE FÜR RAUMFORSCHUNG UND LANDESPLANUNG

BAND 49

KURT OEST

ANNHEIDEWIG ALLERS

EDV-gestützte Umweltanalysen und -Dateien in der Bundesrepublik Deutschland

Vergleichende Untersuchung
der in der Bundesrepublik Deutschland
mit Hilfe der EDV erstellten oder
projektierten Umweltanalysen, -planungen
und -dateien mit raumordnerischer und
ökologisch-planerischer Bedeutung
(Abschlußbericht)

HERMANN SCHROEDEL VERLAG KG HANNOVER 1980

CIP-Kurztitelaufnahme der Deutschen Bibliothek

Oest, Kurt:
EDV-gestützte Umweltanalysen und -Dateien in der Bundesrepublik Deutschland: vergleichende Unters. d. in d. Bundesrepublik Deutschland mit Hilfe d. EDV erstellten oder projektierten Umweltanalysen, -planungen u. -dateien mit raumordner. u. ökolog.-planer. Bedeutung; (Abschlußbericht) / Kurt Oest; Annheidewig Allers. - Hannover: Schroedel, 1980.
(Veröffentlichungen der Akademie für Raumforschung und Landesplanung: Beitr.; Bd. 49)
ISBN 3-507-91738-6

Anschrift des Verfassers:

Dipl.-Landwirt Dr. *Kurt Oest*
Norderstraße 18
2330 Eckernförde

Dipl.-Ing. agr. *Annheidewig Allers*
Institut für Wasserwirtschaft und Landschaftsökologie
Ohlshausenstraße 40-60
2300 Kiel

Best.-Nr. 91738
ISBN 3-507-91738-6
ISSN 0587-2642

Alle Rechte vorbehalten · Hermann Schroedel KG Hannover · 1980
Gesamtherstellung: Druckerei Emil Homann, Hannover
Auslieferung durch den Verlag

Inhalt

	Seite
1 Vorwort	1
2 Einleitung	3
3 Gesamtzusammenfassung	7
4 Überblick über einschlägige Aktivitäten in der Bundesrepublik Deutschland	11
4.1 Vorbemerkungen	11
4.2 Zwischenberichte 1 und 2	11
4.3 Grundsätze für die Aufnahme der Arbeiten	12
5 Zusammenfassende Betrachtungen über die in den Zwischenberichten 1 und 2 aufgeführten Analysen, Planungen, Projekte und Aufsätze	13
5.1 Arbeitsschwerpunkte	13
5.2 Zusammenarbeit und Abstimmung	14
6 Zur vergleichenden Untersuchung herangezogene Analysen, Planungen und Projekte	15
6.1 Vorbemerkungen	15
6.2 Gruppe 1: Ortsplanungsbereich (PO)	16
6.3 Gruppe 2: Regionalplanungsbereich (PR)	17
6.4 Gruppe 3: Landesplanungsbereich (PL)	19
7 Kennzeichnung der herangezogenen Analysen, Planungen und Projekte	21
7.1 Vorbemerkungen	21
7.2 Kennzeichnungsliste für die Gruppen	24
- Ortsplanungsbereich (PO)	
- Regionalplanungsbereich (PR)	
- Landesplanungsbereich (PL)	
7.3 Anmerkungen zur Kennzeichnungsliste	35
7.4 Zusammenfassende und vergleichende Betrachtungen	39

		Seite
8	Daten und Datenquellen der herangezogenen Analysen, Planungen und Projekte	41
	8.1 Vorbemerkungen	41
	8.2 Aufschlüsselung der als Eingangsdaten verwendeten Kriterien	43
	8.2.1 Gruppe 1: Ortsplanungsbereich (PO)	44
	8.2.1.1 - 8.2.1.3 Datenquellenübersichten für den Ortsplanungsbereich	59
	8.2.2 Gruppe 2: Regionalplanungsbereich (PR)	64
	8.2.2.1 - 8.2.2.7 Datenquellenübersichten für den Regionalplanungsbereich	95
	8.2.3 Gruppe 3: Landesplanungsbereich (PL)	118
	8.2.3.1 - 8.2.3.4 Datenquellenübersichten für den Landesplanungsbereich	135
	8.3 Zusammenfassende und vergleichende Betrachtungen	149
9	Allgemein zur Verfügung stehende Dateien und Datenbanken	151
	9.1 Vorbemerkungen	151
	9.2 Aufstellung über die allgemein zur Verfügung stehenden Dateien und Datenbanken	152
	9.3 Beispiele für im Aufbau befindliche bundesweite Dateien und Datenbanken	154
	9.4 Hinweis auf EDV-gestützte Dateien und Datenbanken in den Ländern der Bundesrepublik Deutschland	155
10	Abschließende Bemerkungen und Anleitung für die Benutzung der vorgelegten Berichte	159
11	Anregungen für künftige Arbeiten und Forschungsansätze	161
12	Autorenregister	162
13	Sachregister	166
14	Fehlerberichtigungen für die Zwischenberichte 1 und 2	190

1 Vorwort

Der Gedanke, die vorliegende Untersuchung durchzuführen, entstand anläßlich der Sitzungen der Sektion III der Akademie für Raumforschung und Landesplanung, Hannover. Aus dem Gedanken wurde ein überlegenswertes Projekt in Gesprächen mit Mitgliedern der genannten Akademie. Die Eingrenzung des Auftrages, die Formulierung des Arbeitsthemas und die Abgrenzung gegenüber verwandten Projekten erfolgte in Verhandlungen mit den Herren Professor Dr. K. Buchwaldt und Dipl.-Ing. H. Stillger in Hannover, mit den Herren Professor Dr. G. Olschowy, Dr. W. Mrass und Dipl.-Ing. H.-W. Koeppel in Bonn-Bad Godesberg sowie mit Herrn Professor Dr. N. Knauer in Kiel.

Die Inangriffnahme der Untersuchung wurde u.a. von der Abteilung für Raumordnung des Schleswig-Holsteinischen Innenministeriums, vom Vorsitzenden des Interministeriellen Ausschusses Umweltschutz im Sozialministerium des Landes Schleswig-Holstein und vom Vorsitzenden des Landesnaturschutzverbandes Schleswig-Holstein sehr begrüßt.

Es bestand ursprünglich die Absicht, die Untersuchung hauptberuflich durchzuführen und den ersten Bearbeiter für ein halbes Jahr von seiner dienstlichen Tätigkeit zu entbinden. Die Beurlaubung wurde von der Datenzentrale Schleswig-Holstein, der Dienststelle des Bearbeiters, genehmigt, da auch ein dienstliches Interesse vorlag und die Notwendigkeit einer kurzfristigen Durchführung erkannt wurde. Bedauerlicherweise wurde diese Absicht durch eine schwere Erkrankung des Bearbeiters durchkreuzt. Hieraus ergaben sich eine Verschiebung des Abschlußtermins und nach Absprache mit der genannten Akademie der Beschluß, einen ersten Zwischenbericht als Arbeitsmaterial Nr. 22 zu veröffentlichen. Diese Veröffentlichung und Versendung an interessierte Stellen hatte zur Folge, daß weitere und ergänzende Unterlagen, Berichte usw. zur Verfügung gestellt bzw. daß vom Verfasser weitere einschlägige Veröffentlichungen ausfindig gemacht wurden.

Die zusätzlich zusammengetragenen Unterlagen, Berichte usw. wurden im zweiten Zwischenbericht als "Arbeitsmaterial Nr. 33" von der Akademie für Raumforschung und Landesplanung, Hannover, im Januar 1980 veröffentlicht.

An dieser Stelle sei allen Personen und Stellen sehr herzlich Dank gesagt, die zur Auffindung oder Übersendung der zahlreichen Analysen, Planungen, Projekte und Aufsätze beigetragen haben. Ohne ihre Unterstützung wäre es dem Verfasser nicht möglich gewesen, die beiden Materialsammlungen einschließlich der "Auswertungsnotizen" und den Abschlußbericht zu erstellen.

Mit dem abschließenden Bericht wird nun der Versuch unternommen, einige aus der umfangreichen Materialsammlung ausgewählte typische Arbeiten zu analysieren und nach bestimmten Gesichtspunkten zu vergleichen. Hierbei hat Frau Dipl.-Ing. agr. Annheidewig Allers den Verfasser der Materialsammlungen mit kritischem Engagement und Sachkenntnis unterstützt, so daß es gerechtfertigt ist, sie als Mitverfasser des Schlußberichtes aufzuführen. Hiermit soll u.a. zum Ausdruck gebracht werden, daß Frau Allers in manchen Fällen einen anderen Standpunkt als der Erstverfasser vertritt.

Ein besonderer Dank gebührt aber auch Herrn Verwaltungsamtmann Norbert Scholz, der die beiden Verfasser in speziellen EDV-Fragen beraten und damit zur Gestaltung des Abschlußberichtes beigetragen hat.

Nicht zuletzt sei den anfangs genannten Herren noch einmal gedankt, ohne deren Unterstützung und Fürsprache der Gesamtauftrag von der Akademie für Raumforschung und Landesplanung, Hannover, nicht vergeben worden wäre.

2 Einleitung

Bei den im Vorwort angeführten Verhandlungen und Abstimmungsgesprächen hatte sich für die durchzuführende Untersuchung folgender Haupttitel ergeben:

Aufbau und Inhalt von Umweltschutzdateien.

Der formulierte Untertitel bzw. Arbeitstitel gibt den zu erfüllenden Auftrag besser zu erkennen:

Vergleichende Untersuchung der in der Bundesrepublik Deutschland mit Hilfe der EDV erstellten oder projektierten Umweltschutzanalysen, -planungen und -dateien, die für die Raumplanung aller Stufen von Belang sind, insbesondere im Hinblick auf den Aufbau von Dateien unter Berücksichtigung ökologischer Zusammenhänge.

Es bestand somit Einvernehmen darüber, daß alle bisher mit Hilfe der EDV durchgeführten Umweltschutzanalysen und -planungen, die für die Raumplanung von Belang sind, besonders hinsichtlich der verwendeten Daten kritisch vergleichend und bewertend untersucht werden sollten. Des weiteren sollten der Aufbau der Dateien und ihre allgemeine Verwendungsfähigkeit für Zwecke der Umweltschutzanalysen und -planungen geprüft werden. Dabei sollten raumstrukturelle und ökologische Zusammenhänge im Vordergrund stehen.

Das Schwergewicht der Arbeiten lag somit bei den verwendeten Daten, deren Quellen und den aufgebauten Dateien. Einschränkend sollten diese auch nur dann vergleichend untersucht werden, soweit sie - wie oben erwähnt - für die Raumplanung aller Stufen von Belang sind und - weiter eingeschränkt - soweit sie mit Hilfe der EDV erstellt wurden.

Es war von vornherein nicht beabsichtigt, eine einseitige, subjektive vergleichende Untersuchung von Umweltschutzanalysen, -planungen und -dateien vorzulegen, sondern im Gegenteil geplant, jedem Leser dieser Schrift die Möglichkeit zu geben, je nach seiner eigenen Frage- oder Problemstellung anhand der Materialsammlung und dieses Berichtes selbst Vergleiche anzustellen. Diesem Zweck können dienen:

- die Sammlung des einschlägigen Materials (1. und 2. Zwischenbericht), nach Ländern, Verfassern und Institutionen geordnet sowie mit zahlreichen Bemerkungen und Verweisen versehen,

- die kurzen inhaltlichen Darstellungen in Form von "Auswertungsnotizen" in den Zwischenberichten 1 und 2,

- die ausführlichen Autoren- und Sachregister am Schluß dieses Berichtes,

- die differenzierte Analyse von 31 typischen Arbeiten (vgl. Kennzeichnungsliste),

- die differenziertere Darstellung der als Eingangsdaten verwendeten Kriterien (vgl. Datenliste) und

- die für die Bereiche Orts-, Regional- und Landesplanung aufgestellten Datenquellenübersichten.

Es bestand nach den oben genannten Abstimmungsgesprächen ebenfalls von vornherein Einverständnis darüber, daß mit dieser Arbeit noch keine vergleichende Untersuchung hinsichtlich der in den zusammengetragenen Arbeiten verwendeten Methoden vorgelegt werden sollte. Ein derartiger Vergleich ist weiteren oder ergänzenden Arbeiten vorbehalten. Hierauf wird noch im Abschnitt "11. Anregungen für künftige Arbeiten und Forschungsansätze" eingegangen.

Einige der übersandten Arbeiten konnten in die beiden Materialsammlungen nicht aufgenommen werden, da sie nicht zum Thema gehörten oder einen zu speziellen Inhalt hatten. Die Grenzfälle wurden in der Spalte "Bemerkungen" in den Übersichten der Zwischenberichte mit dem Vermerk "Randgebiet" versehen.

Es ist auch darauf hinzuweisen, daß einige der in die Materialsammlungen aufgenommenen Arbeiten eine ähnliche Zielrichtung hatten wie der hiermit vorgelegte Auftrag. Sie sollen daher hier noch einmal gesondert aufgeführt werden:

- Kaiser, I. und H.: Empfehlungen für Richtlinien zur Aufstellung von Landschaftsplänen. Zur Zeit der Zusammenstellung des 1. Zwischenberichtes noch in Arbeit. (Vgl. 1. Zwischenbericht, Arbeitsmaterial der ARL Nr. 22, S. 15 bzw. 21.)

- Krämer, B.: Vergleichende Analyse neuerer EDV-gestützter ökologischer Landschaftsplanungansätze. Projektarbeit am Institut für Landschaftspflege und Naturschutz der TU Hannover, September 1977 (vgl. 1. Zwischenbericht, Arbeitsmaterial der ARL Nr. 22, S. 200 bzw. 212).

- Boetticher, M.; Kapahnke, M.: Möglichkeiten und Grenzen der Anwendbarkeit rechnergestützter Methoden für die Landschaftsplanung, dargestellt am Beispiel von Computersimulationsmodellen. Hauptstudienprojekt im SS 78/WS 78/79 im Institut für Landschafts- und Freiraumplanung der TU Berlin, März 1979 (vgl. 2. Zwischenbericht, Arbeitsmaterial der ARL Nr. 33, S. 105 bzw. 115).

Es ist weiterhin festzustellen, daß die mit den Zwischenberichten (Arbeitsmaterial der ARL Nr. 22 und 33) erfaßten "Analysen, Planungen, Projekte und Aufsätze" mit der oben erwähnten Themenstellung und Zielrichtung nicht vollständig sein können. Manche Arbeiten waren nicht rechtzeitig zu erreichen und zahlreiche neuere Arbeiten konnten nicht mehr aufgenommen werden.

Im übrigen ist hier eine Form der Analyse und listenmäßigen Darstellung gewählt worden, die sicher verbesserungsbedürftig ist und nicht alle Wünsche und Forderungen erfüllen wird. Ebenso sicher ist aber auch, daß über die vorgenommenen Vergleiche und Auswertungen hinaus zahlreiche zusätzliche Auswertungsmöglichkeiten gegeben sind.

Mit Sicherheit ist auch an der Gestaltung der "Auswertungsnotizen" Kritik zu üben. Es muß aber nochmals darauf hingewiesen werden, daß diese Notizen ursprünglich nur für die Verfasser vorgesehen waren, um den Überblick nicht zu verlieren. Bei verschiedenen Rücksprachen ergab sich dann der Plan, auch diese "Auswertungsnotizen" unverändert als "Arbeitsmaterial" zu veröffentlichen. Dabei wurde aus Mangel an Zeit und Mitteln auch darauf verzichtet, die Übersichten in eine chronologische Ordnung zu bringen und die gesamte Materialsammlung z.B. in Form von vorgedruckten "Berichts-Kennblättern" umzuwandeln, wie es im Umweltforschungsreport 1977/78 des Umweltbundesamtes, Berlin, geschehen ist.

3 Gesamtzusammenfassung

Im Rahmen der Diskussionen anläßlich der Sitzungen der Sektion III der Akademie für Raumforschung und Landesplanung, Hannover, sowie in Gesprächen mit Vertretern der Akademie wurde u.a. erwogen zu versuchen, die in der Bundesrepublik Deutschland mit Hilfe der EDV erstellten oder projektierten Umweltschutzanalysen, -planungen und -dateien mit raumordnerischer und ökologisch-planerischer Bedeutung einer vergleichenden Untersuchung zu unterziehen. Mit dem vorliegenden Bericht und den hierzu gehörenden zwei Zwischenberichten (Arbeitsmaterial Nr. 22 und 33 der genannten Akademie) werden die Ergebnisse eines ersten Schrittes auf diesem Wege vorgelegt.

Nach einer Sammlung, Ordnung und kurzen inhaltlichen Darstellung - letztere war ursprünglich nur als Arbeitsgrundlage für die Verfasser gedacht und angelegt - der einschlägigen Analysen, Planungen, Projekte und Aufsätze werden die Arbeitsschwerpunkte herausgestellt.

Regional gesehen sind die stärksten Aktivitäten in den Ländern Nordrhein-Westfalen und Bayern festzustellen, gefolgt von Baden-Württemberg und Niedersachsen. Diese Arbeitsschwerpunktverteilung gilt auch unter Berücksichtigung der Tatsache, daß in Nordrhein-Westfalen zwei auf dem hier behandelten Fachgebiet aktive Bundesanstalten tätig sind.

Eine fachlich-methodische Verteilung der Arbeitsschwerpunkte läßt sich abschließend erst dann beurteilen, wenn ergänzend zu den hiermit vorgelegten Untersuchungsergebnissen die erforderlichen methodisch-vergleichenden Untersuchungen abgeschlossen sind. Das gleiche gilt für die allgemeinen und besonderen Zielrichtungen der zusammengetragenen Arbeiten.

Zusammenarbeit und Abstimmung in den hier behandelten Problembereichen lassen vielfach noch zu wünschen übrig. Abgesehen von den Ansätzen auf Landesebene, sind in diesem Zusammenhang in erster Linie die Aktivitäten in der Länderarbeitsgemeinschaft für Naturschutz, Landschaftspflege und Erholung, insbesondere in deren Ausschuß "Landschaftsinformationssystem" hervorzuheben. Ein wesentliches einschlägiges Thema dieses Ausschusses war in letzter Zeit die Erstellung des "Landschaftsdatenkataloges" zum Landschaftsinformationssystem.

Daneben sind jedoch die Bemühungen des Bundesministers des Innern, des Umweltbundesamtes sowie verschiedener Universitätsinstitute zu erwähnen, durch Informations- und Diskussionsveranstaltungen zu einer Zusammenarbeit und Abstimmung beizutragen.

Um die oben bezeichnete vergleichende Untersuchung zu ermöglichen, wurden 31 typisch erscheinende Arbeiten aus den Materialsammlungen ausgewählt und in die Gruppen "Orts- (PO)", "Regional- (PR)" und "Landesplanungsbereich (PL)" unterteilt.

In einem weiteren Schritt wurden die ausgewählten Arbeiten nach einem eigens hierfür entwickelten Fragebogen analysiert. Hierbei standen auftragsgemäß die Feststellung

- der Datenerfassung
- der Datenquellen
- des Datenbezuges
- der Datenverknüpfung
- der Datenfortschreibung
- der Datendarstellung,

aber auch die Form der Dateien und Datenbanken sowie - soweit erkennbar - die Art der benutzten Soft- und Hardware im Vordergrund.

Hierbei war schon zu erkennen, daß eine vergleichende Untersuchung ohne vergleichende Betrachtung der verwendeten Methoden ein unvollständiges und unvollkommenes Unterfangen bleiben muß. Wünschenswert wäre somit die baldige Ausweitung der Untersuchung auf die methodische Problematik.

Unabhängig von diesem grundsätzlichen Mangel kam es darauf an, einen möglichst vollen Einblick in Art und Zahl der Daten sowie in die Form und den Aufbau der Dateien bzw. Datenbanken zu geben. Zu diesem Zweck wurden u.a. die erfaßten Datengruppen in einer weiteren Aufstellung in Form von Einzelkriterien, untergliedert nach Primär-, Sekundär- und abgeleiteten Daten für die ausgewählten Arbeiten der o.g. Gruppen dargestellt. Darüber hinaus enthält diese Liste eine sogenannte "Qu-Spalte", deren Ziffer sich auf einen Datenquellenschlüssel bezieht. Über diesen Schlüssel können dann - soweit aus der ausgewerteten Arbeit erkennbar - die benutzten Datenquellen festgestellt werden, dargestellt in den "Datenquellenübersichten".

Es ist noch einmal hervorzuheben, daß nur nach Durchführung methodischer Untersuchungen abschließende Vergleiche zwischen den ausgewählten Arbeiten sowie Feststellungen über Wert und Unwert der für bestimmte Aussagen benutzten Kriterien vorgenommen werden können. Danach wird es in einigen Fällen darauf ankommen zu versuchen, aussagekräftigere Daten als die benutzten aus anderen Quellen oder aus bereits durchgeführten Arbeiten aufzuzeigen. Ziel aller Bemühungen müßte sein, für einschlägige Arbeiten mit den vorliegenden und im Aufbau befindlichen Dateien und Datenbanken sowie mit den übrigen vorhandenen Informationssystemen für Raumordnung und Landesplanung auszukommen. In der Regel müßte es zukünftig möglich sein, Sondererhebungen auf ein Mindestmaß herabzusetzen.

Aus den bisherigen Untersuchungen haben sich Hinweise auf die allgemein bundesweit zur Verfügung stehenden Dateien und Datenbanken ergeben, die in einem besonderen Abschnitt listenmäßig zusammengefaßt werden. Sie lassen ein weites Datenspektrum erkennen und sind von den Planern, Gutachtern usw. sicher noch nicht in dem wünschenswerten Ausmaß ausgewertet worden. Hierbei sind sicherlich auch EDV-technische Probleme hinderlich gewesen. Auf die Notwendigkeit der Anpassung und das Erstreben einer vielseitigen Auswertbarkeit kann hier nur hingewiesen werden. Es war nicht Aufgabe dieses Auftrages, die Probleme zu erörtern, die sich aus der EDV-Technik ergeben.

Weiterhin werden Beispiele für im Aufbau befindliche, bundesweit ausgerichteter Dateien und Datenbanken mit raumordnerischer und ökologisch-planerischer Bedeutung aufgeführt. Schließlich wird auch auf die in den Ländern vorhandenen EDV-gestützten Dateien und Datenbanken sowie auf die weit verbreiteten Informationssysteme der Raumordnung und Landesplanung hingewiesen, die z.B. von der Arbeitsgemeinschaft "Planungsinformationssysteme" (AG PLIS) des Kooperationsausschusses ADV Bund/Länder/Kommunaler Bereich in zahlreichen Untersuchungsschritten zusammengetragen und beurteilt wurden.

Nach abschließenden Bemerkungen über Planung und Ergebnis der vorliegenden Untersuchung sowie einer Anleitung für die Benutzung der vorgelegten Berichte werden Anregungen für künftige Arbeiten und Forschungsansätze gegeben. Sie bringen in erster Linie zum Ausdruck, daß es wünschenswert wäre, methodische Untersuchungen sofort anzuschließen und dabei von dem hiermit vorgelegten Material und den Untersuchungsergebnissen auszugehen.

Der Untersuchungsbericht wird mit einem Autoren- und einem ausführlichen Sachregister sowie mit einer Fehlerberichtigung für die Zwischenberichte 1 und 2 abgeschlossen.

4 Überblick über einschlägige Aktivitäten in der Bundesrepublik Deutschland

4.1 Vorbemerkungen

Um einen Überblick über die einschlägigen Aktivitäten in der Bundesrepublik Deutschland zu schaffen, wurden ca. 250 Institutionen und Persönlichkeiten mit einem einheitlichen Rundbrief angeschrieben, über das Vorhaben informiert und gebeten, entsprechende Arbeiten zu übersenden oder Hinweise auf einschlägige Institutionen und Autoren zu geben. Dies geschah in so umfangreichem Maße (vgl. 1. Zwischenbericht S. 4 und 2. Zwischenbericht S. 6), daß eine Sammlung von "Auswertungsnotizen" angelegt wurde. Diese Materialsammlung fand - wie oben erwähnt - das Interesse verschiedener Institutionen. Es wurde daher in Abstimmung mit dem Auftraggeber, der Akademie für Raumforschung und Landesplanung, Hannover, beschlossen, die Materialübersichten als "Arbeitsmaterial Nr. 22" zu veröffentlichen.

4.2 Zwischenberichte 1 und 2

Im April 1979 wurde die Materialsammlung mit den Übersichten und Auswertungsnotizen an zahlreiche Institutionen und Persönlichkeiten mit der Bitte übersandt, kritisch Stellung zu nehmen, Verbesserungs- und Änderungsvorschläge sowie evtl. neuere Arbeiten zu übersenden. Hierdurch und durch weitere Recherchen konnte wiederum soviel Material zusammengetragen werden, daß erneut der Beschluß gefaßt wurde, auch diese Ergänzungssammlung als 2. Zwischenbericht und "Arbeitsmaterial Nr. 33" der genannten Akademie im Januar 1980 zu veröffentlichen.

Auf diese beiden Berichte wird im folgenden Bezug genommen.

4.3 Grundsätze für die Aufnahme der Arbeiten

Die Analysen, Planungen, Projekte und Aufsätze wurden in der Regel nur aufgenommen, wenn sich ein direkter Bezug zur Aufgabenstellung (vgl. S. 6ff.) ergab und die drei Hauptbedingungen, d.h. der

- Einsatz der elektronischen Datenverarbeitung (EDV) sowie
- ein raumordnerischer und ein
- ökologisch-planerischer Bezug

vorlagen. Sie wurden in Ausnahmefällen aufgeführt, wenn sie Hinweise auf einschlägige Daten und Datenquellen enthielten.

In zahlreichen Fällen war ein direkter Bezug nicht gegeben, ein gewisser Zusammenhang mit anderen aufgenommenen Arbeiten und Problemstellungen aber festzustellen. Die entsprechenden Untersuchungen, Aufsätze usw. wurden dann - wie bereits erwähnt - in der Spalte "Bemerkungen" mit dem Zusatz "Randgebiet" gekennzeichnet.

5 Zusammenfassende Betrachtungen über die in den Zwischenberichten 1 und 2 aufgeführten Analysen, Planungen, Projekte und Aufsätze

5.1 Arbeitsschwerpunkte

Die stärksten Aktivitäten im Rahmen der mit dieser Untersuchung erfaßten Arbeiten sind in den Ländern Nordrhein-Westfalen und Bayern festzustellen, gefolgt von Baden-Württemberg und Niedersachsen. Bei dem Vergleich ist allerdings zu berücksichtigen, daß in Nordrhein-Westfalen zwei aktive Bundesanstalten mit 19 einschlägigen Arbeiten beteiligt sind. Trotzdem ist zu erkennen, daß in Nordrhein-Westfalen insgesamt der Arbeitsschwerpunkt liegt.

Es sei an dieser Stelle noch einmal darauf hingewiesen, daß bei der vorliegenden Untersuchung nur die in der Bundesrepublik Deutschland gefertigten Analysen, Planungen, Projekte und entsprechenden Aufsätze herangezogen wurden, die mit Hilfe der EDV durchgeführt wurden bzw. bei denen deren Einsatz geplant ist. Wären auch die übrigen, ohne EDV-Hilfe durchgeführten Arbeiten berücksichtigt worden, wäre die Zahl der heranzuziehenden Untersuchungen usw. um ein Vielfaches größer als die hier zusammengetragenen ca. 240 Arbeiten gewesen.

Eine Untergliederung der Arbeitsschwerpunkte nach methodischen Gesichtspunkten läßt sich erst nach entsprechenden vergleichenden Untersuchungen durchführen.

5.2 Zusammenarbeit und Abstimmung

Die Bearbeitung des Auftrages hat wiederholt erkennen lassen, daß auf den hiermit angesprochenen Arbeitsgebieten nicht immer in einer optimalen Weise zusammengearbeitet wurde und selten eine Abstimmung über Arbeitsrichtungen und -ziele erfolgte. Wiederholt wurde in Gesprächen darauf hingewiesen, daß die vorgelegten Zwischenberichte hierzu beigetragen hätten und noch in dieser Richtung wirken könnten.

Eine der bekannt gewordenen Ausnahmen auf dem Gebiet der bundesweiten Zusammenarbeit und Abstimmung stellt z.B. der LANa-Ausschuß "Landschaftsinformationssystem" dar. Dieser Ausschuß der Länderarbeitsgemeinschaft für Naturschutz, Landschaftspflege und Erholung hat sich in letzter Zeit insbesondere mit der Erstellung des "Landschaftsdatenkataloges" für ein "Landschaftsinformationssystem auf der Grundlage einer rasterbezogenen Flächendatenbank" beschäftigt.

Aufgaben und Aktivitäten des Bundesministers des Innern und des Umweltbundesamtes (UBA), Berlin, dürfen in diesem Zusammenhang nicht außer Acht gelassen werden, desgleichen nicht die Bemühungen verschiedener Universitäten und Institutionen, durch Informations- und Diskussionsveranstaltungen zu einer Zusammenarbeit und Abstimmung beizutragen. Auf Einzelhinweise wird hier verzichtet, da sich die entsprechenden Aktivitäten aus den Zwischenberichten 1 und 2 bzw. aus dem Sachregister dieses Schlußberichtes ergeben.

6 Zur vergleichenden Untersuchung herangezogene Analysen, Planungen und Projekte

6.1 Vorbemerkungen

Wie bereits im Unterabschnitt 5.1 "Arbeitsschwerpunkte" erwähnt, wurden für eine vergleichende Untersuchung bzw. Analyse der zusammengetragenen Arbeiten aus den "Gruppen" Orts-, Regional- und Landesplanungsbereich 31 Arbeiten herangezogen, und zwar aus dem

    "Ortsplanungsbereich"   4
    "Regionalplanungsbereich"   14
    "Landesplanungsbereich"   13.

In den folgenden Aufstellungen sind die herangezogenen Arbeiten gruppenweise aufgeführt. In einer besonderen Spalte wurde der Bezug zur "Materialsammlung" hergestellt.

6.2 Gruppe 1: Ortsplanungsbereich (PO)   Bezug zur Materialsammlung (Arbeits-
 materialien der ARL,
 Nr. 22 und 33)

1. Standortkataster als Hilfsmittel der
   Freizeit- und Landschaftsplanung - Ansatzpunkte, Möglichkeiten und Probleme des Aufbaues und der Anwendung unter besonderer
   Berücksichtigung der Erfahrungen im Gebiet der Stadt Wuppertal. AHT-Schriften-
   reihe, Nr. 0.16, Essen, Dezember 1974,
   57 S., 41 Anlagen (tlw. Abb.)   NRW 4.11.1

2. Werner, G. et al.: Umweltbelastungs-
   modell einer Großstadtregion - dargestellt am Beispiel der Stadt Dortmund
   (BELADO). Beiträge zur Umweltgestaltung,
   H.B 10, Berlin 1975, 47 S., 18 Karten,
   11 Abb. (Für den Vergleich wurde außerdem NRW 9.1.13 herangezogen.)   NRW 9.1.2

3. Nutzungskataster Saarbrücken, Projekt-
   bericht der AED, Bonn-Bad Godesberg,
   o.J., 18 S., 10 Abb.   Sa 4.2.1

6.3 Gruppe 2: Regionalplanungsbereich (PR)   Bezug zur Materialsammlung (Arbeits-
   materialien der ARL,
   Nr. 22 und 33)

1. Aulig, G.; Bachfischer, R.; David, J.;
   Kiemstedt, H.: Wissenschaftliches Gutachten zu ökologischen Planungsgrund-
   lagen im Verdichtungsraum Nürnberg-Fürth-
   Erlangen-Schwabach. München 1977, 227 S.,
   20 Abb., 2 Schaubilder, Kartenband mit
   58 Karten (davon 30 mehrfarbig), 2 Deck-
   folien   Ba 9.3.1

2. Ökologische Darstellung Unterelbe/Küsten-
   region, Konzept. Erarbeitet im Auftrag
   der Umwelt-Ministerkonferenz Norddeutsch-
   land, Herbst 1976, o.O., 70 Doppelseiten,
   8 Karten   SH 7.1.1

3. Regionale Planungsgemeinschaft Untermain:
   Informations- und Planungssystem. Erstellt
   im Rahmen des Erdwissenschaftlichen Flug-
   zeugmeßprogramms. Frankfurt/Main 1977,
   88 S., 43 Abb.   He 4.2.2

4. Mrass, W.; Koeppel, H.-W.; Arnold, F.:
   Landschaftsdatenkatalog - Forschungsvorhaben "Entwicklung und Aufbau eines Land-
   schaftsinformationssystems auf der Grundlage einer rasterbezogenen Flächendatenbank". Bonn-Bad Godesberg 1976, 32 S.
   (Für den Vergleich wurden weitere Arbeiten herangezogen: NRW 1.2.3, 1.2.7,
   1.2.9, 1.2.12.)   NRW 1.2.4

Gruppe 2: Regionalplanungsbereich (PR) Bezug zur Materialsammlung (Arbeits-
materialien der ARL
Nr. 22 und 33)

5. Kaule, G.; Bernhard, U.; Friedrich, R.:
Forschungsvorhaben "Indikatoren der Um-
weltqualität als Steuerungsmittel in der
Landschaftsentwicklung", Stuttgart,
3.11.1977, 26 S., 12 Abb.   BW 9.1.1

6. Arnold, F. et al.: Gesamtökologischer
Bewertungsansatz für einen Vergleich von
zwei Autobahntrassen. Schriftenreihe für
Landespflege und Naturschutz der Bundes-
forschungsanstalt für Naturschutz und
Landschaftsökologie, Bonn-Bad Godesberg,
H. 16, 1977, 202 S., 88 Abb.   SH 7.2.1

7. Grosch, P.; Mühlinghaus, R.; Stillger, H.:
Entwicklung eines ökologisch-ökonomischen
Bewertungsinstrumentariums für die Mehr-
fachnutzung von Landschaften. Beiträge der
Akademie für Raumforschung und Landesplanung, Hannover, Bd. 20 (1978), 250 S.,
48 Abb.   NS 9.2.1

8. Kaule, G.; Kerner, H.; Schaller, J.: Land-
schaftsökologische Modelluntersuchung
Ingolstadt. Definition des Modellansatzes
und Antrag für Phase IIa (Januar - September 1979), o.O., o.J., 68 S., 6 Abb. (Für
den Vergleich wurden weitere Arbeiten herangezogen: Ba 9.1.23)   Ba 9.1.15

9. Nutzungskataster Unterer Neckar, Projekt-
bericht der AED, Bonn-Bad Godesberg, o.J.,
19 S., 14 Abb.   BW 4.3.1

6.4 Gruppe 3: Landesplanungsbereich (PL)   Bezug zur Material-
                                             sammlung (Arbeits-
                                             materialien der ARL,
                                             Nr. 22 und 33)

1. Systemanalyse zur Landesentwicklung Baden-
   Württemberg. Im Auftrage des Landes Baden-
   Württemberg durchgeführt von der Arbeitsgemeinschaft Systemanalyse Baden-Württemberg, Stuttgart, September 1975, 189 S.
   (ohne Anhang), 67 Abb. und 78 Karten in
   Text und Anhang   BW 4.5.1

2. Vorbericht für das Handbuch zur ökologischen Planung. Vorstellung eines Instru-
   mentariums zur umweltgerechten Standort-
   rahmenplanung. Auftraggeber und Herausgeber: Der Bundesminister des Innern.
   Durchführung: Dornier System GmbH, Frie-
   drichshafen, September 1976, 27 S., 8 Kar-
   ten, 4 Abb.   BW 4.1.4

3. Schaller, J.: Kartierung schutzwürdiger
   Biotope in Bayern als Beispiel eines flä-
   chendeckenden ökologischen Informationssystems. Arbeitsmaterial Nr. 13, 1978, der
   Akademie für Raumforschung und Landesplanung, Hannover, S. 49-70, 12 Abb. (Für
   den Vergleich wurden außerdem Ba 7.3.5,
   9.1.9 und 9.1.10 herangezogen.)   Ba 9.1.4

4. Weihs, E.: Zum Stand der Entwicklungsarbei-
   ten des bayerischen Umweltschutzinforma-
   tionssystems, Natur und Landschaft, 53.
   Jg. (1978), H. 5, S. 146-149, 3 Abb.
   (Für den Vergleich wurden außerdem
   Ba 6.1.6, 7.3.2 und 9.1.24 herangezogen.)   Ba 7.3.4

Gruppe 3: Landesplanungsbereich (PL)   Bezug zur Materialsammlung (Arbeits-
materialien der ARL
Nr. 22 und 33)

5. Müller, M.; Ehmke, W.: Konzept einer Landschaftsdatenbank Baden-Württemberg, Karlsruhe, 22.2.1978, 75 S., 11 Abb. (Für den
Vergleich wurden außerdem BW 6.3.2 und
6.3.6 herangezogen.)   BW 6.3.1

7 Kennzeichnung der herangezogenen Analysen, Planungen und Projekte

7.1 Vorbemerkungen

Um die Umweltanalysen, -planungen und -projekte sowie auch die darin vorkommenden und unabhängig davon entstandenen Dateien in der Bundesrepublik Deutschland miteinander zu vergleichen, kann der Leser die Zwischenberichte 1 und 2 zur Hand nehmen und sich den ersten Überblick anhand der "Bemerkungen" und "Auswertungsnotizen" verschaffen. In der Regel wird dieser "Überblick" jedoch nicht ausreichen. Um hierfür eine Hilfe zu bieten, wurde versucht, die erwähnten 31 zum Vergleich herangezogenen Arbeiten nach einem eigens hierfür entwickelten Schema zu analysieren bzw. zu "kennzeichnen". Wie aus der "Kennzeichnungsliste" hervorgeht, wurde der Fragebogen in den Hauptgruppen nach folgenden Problemstellungen gegliedert:

1   Daten
11   Zahl der Merkmalskategorien
12   Datenerfassung
13   Quellen der Daten
14   Erfaßte Datengruppen
15   Datenbezug
16   Datenverknüpfung
17   Datenfortschreibung, -erweiterung, -aggregation
18   Darstellungsform
19   Allgemeines zu den Daten

2   Dateien und Datenbanken
21   Aufbau
22   Ausbau
23   Datenträger
24   Dateiorganisation
25   Satzform
26   Datenbank (Datei + Programmsysteme)
27   Umfassendes Informationssystem

3   Hardware
31   Benutzte Hardware
32   Vorgeschlagene Hardware

4   Software
41   Betriebssystem
42   Benutzte Software
43   Vorgeschlagene Software
44   Programmaufbau
45   Programmiersprache
46   Benutzervorgaben
47   EDV-Organisations-Analyse
48   Ausbaufähigkeit zum interaktiven System

5   Allgemeines über die Analysen, Planungen, Gutachten usw.
5.1   Übertragbarkeit
5.2   Anpassungsfähigkeit
5.3   Ausbaufähigkeit
5.4   Nachvollziehbarkeit
5.5   Praktikabilität (Benutzung durch Nicht-EDV-Kräfte)
5.6   Quantifizierung ökologischer Zusammenhänge
5.7   Schulungsaufwand
5.8   Nutzwertanalyse
5.9   Darstellung der Projektorganisation
5.10   Darstellung der Methodik
5.11   Einsatz von Systemanalysemethoden
5.12   Berücksichtigung der Wirkungszusammenhänge
5.13   Gliederungstechnik angewandt
5.14   Anwendungshäufigkeit des Verfahrens
5.15   Erprobung im Testfall
5.16   Benutzerfreundlichkeit
5.17   Vielfach einsetzbar (Flexibilität)
5.18   Kapazitätsberechnungen durchgeführt
5.19   Raumordnungskatasteranschluß
5.20   Prognoseverfahren durchgeführt

Zur Kennzeichnungsliste sind die folgenden Erläuterungen erforderlich:

x	=	vorhanden, verwendet, kommt vor usw.
(x)	=	geplant, vorgesehen
zu 11		<u>Zahl der Merkmalskategorien</u>: in der jeweiligen Arbeit angegebene Zahl der Basisdaten (-gruppen)
zu 113		<u>Sekundärdaten</u>: direkt aus vorhandenen Unterlagen gewonnene Daten
zu 114		<u>abgeleitete Daten</u>: aus Sekundärdaten durch Umrechnung, Verknüpfung usw. abgeleitete Daten
zu 115		<u>Primärdaten</u>: durch Sondererhebungen gewonnene Daten
zu 14		<u>erfaßte Datengruppen</u>: Datenzahl und Zuordnung wie in der Sonderliste (Datenliste, s. S. 47ff.) angegeben Neben der Gesamtdatenzahl wird in Klammern die Zahl der Primärdaten ausgewiesen.
zu 151		<u>Ökoplanung</u>: Datenzahl und Zuordnung siehe 14. Gesamtdatenzahl = 100; Daten zur Ökoplanung = Gesamtdaten - sozio-ökonomische Daten
zu 1511		<u>medienbezogener Anteil</u>: ⎫
zu 1512		<u>nutzungsbezogener Anteil</u>: ⎬ Daten zur Ökoplanung = 100

Die "Kennzeichnung" wurde nach den vorliegenden oder kurzfristig erreichbaren Veröffentlichungen und Papieren vorgenommen. Wegen des u.U. erforderlich gewordenen zeitlichen und finanziellen Aufwandes wurden in unklaren Fällen i.d.R. keine zusätzlichen Anfragen gestartet. Die entsprechenden Felder wurden in diesen wenigen Fällen frei gelassen.

7.2 Kennzeichnungsliste

Gruppe lfd.Nr.		PO 1	PO 2	PO 3	PR 1	PR 2	PR 3	PR 4	PR 5	PR 6	PR 7	PR 8	PR 9	PL 1	PL 2	PL 3	PL 4	PL 5
1	Daten																	
11	Zahl der Merkmalskategorien	51	11	56	54	136		69 (81)[3]	54	36			36	91	68			24[4] 26) 5) 15
111	qual. Differenz. innerhalb Kategorie	x			x	x		x		x		x		x	x	x	x	x
112	quantit. Differenz. innerhalb Kategorie	x	x	2)	x	x	x	x	x	x	x	x		x	x	x	x	x
113	Sekundärdaten	38	x	x	46	x	x		54	x	x	x	36	67	43			x
114	abgeleitete Daten	1			8	x	x			x		x		20	12			x
115	Primärdaten	12				x	x			x	x	x		4	13			x
12	Datenerfassung																	
121	umfangreiche Datensammlung		x	x	x	x	x	x	x	x	(x)	x	x			x	x	x[6]
122	projektbezogene Datenerfassung	x								x	x	x						x[6]
13	Quellen der Daten																	
131	überwiegend kleinmaßstäbliche Karten < 1: 25 000				x	x		x	x	x	x	x	x	x		x		x
132	überwiegend großmaßstäbliche Karten	x		x			x			x		x	x					
133	vorhandene EDV-Dateien	x		x			x		x	x		x	x	x		x	x	x
134	Statistiken, Karteien, Bücher, Verzeichnisse, Luftbilder	x	x	x	x	x	x	x	x	x	x	x	x	x	x	x	x	(x)
14	erfaßte Datengruppen (vgl. Sonderliste)[1]																	
141	sozioökonomische Situation	1			4	2	8	2	6	1	5[4]	10		29	5		2	1
142	medienbezogene Daten																	
1421	Klima, Luft, Lärm	14			7	9	2(1)	13		3	3	29	1	5(1)	9(1)		4	2(1)
1422	Relief, Gestein, Boden	7(5)			5	5	1(1)	13	6	3	3	42	1	2	6	2	11	16
1423	Wasser	3(2)		1		26		11	2	7(2)	2	13		6	11(2)	2	6	2
1424	Pflanzen- und Tierwelt					6		2	2	6(6)	1	36			2	6	8	5
1425	sonstige					2		1	1			1			1	1	2	
143	nutzungsbezogene Daten																	
1431	Wasserwirtschaft	5		1	5	1	7(3)	8	3	3	3		4	3	5		4	3
1432	Land- u. Forstwirtschaft, Fischerei	5(1)		8	4	18	7(5)	10	6	4(1)	8	10	4	5	5	6	7	3
1433	Erholung	4	3	2	3	6	3(2)	3	1	3(2)	3(1)		3	3(1)	2	4	4	4
1434	Naturschutz	7(2)			8	3		6	3	3	1	8		4	2		11	3
1435	Abbau	1			1		1(1)	2		1(1)		10	1			1	2	
1436	Siedlung	16(1)	7	28	5	4	7(3)	8	5	3(1)	2	2	7	24(1)	7	2	6	2
1437	Verkehr	9	1	5	14	8	3(2)	6	2	6	2	1	4	4	6	2	14	3
1438	Ver- und Entsorgung	7(1)		5	2	20		8	3	3	3	1	2	5(1)	7	1	6	2
1439	Militär	1		2	2					1	1	1	2				2	2
144	sonstige	3		1	2			1		1	1	2	1	1		3	2	2

Fußnoten siehe folgende Seite

Fußnoten für S. 27

1) ( ) = davon als Primärdaten
2) überwiegend ohne quantitative Differenzierung
3) vorgesehene Anzahl
4) hier nicht sehr sinnvoll, siehe Anmerkungen (7.3)
5) 3 Teilprojekte
6) zweigleisig angelegt

- 26 -

lfd.Nr.		PO 1	PO 2	PO 3	PR 1	PR 2	PR 3	PR 4	PR 5	PR 6	PR 7	PR 8	PR 9	PL 1	PL 2	PL 3	PL 4	PL 5
15	Datenbezug																	
151	Ökoplanung (Anteil an Gesamtdaten)	99	100	100	100	98	72	100	83	98	86	94	100	68	93	29	98	98
1511	medienbezogener Anteil	29	2	2	27	44	14	43	31	40	28	76	8	21	62	37	35	53
1512	nutzungsbezogener Anteil	71	100	98	73	56	86	57	69	60	72	22	92	79	38	63	65	47
152	Fachplanungen																	
1521	Agrarplanung	x			x	x		(x)	x	x	x	x	x	x	x	x	x	x
1522	Wasserwirtschaftsplanung	x	x	x	x	x	x	(x)	x	x	x	x	x	x	x	x	x	x
1523	Erholungs-/Fremdenverkehrsplanung	x	x	x	x	x		(x)	x	x	x	x	x	x	x	x	x	x
1524	Naturschutzplanung	x			x	x		(x)	x			x	x	x	x			x
1525	Verkehrsplanung	x	x	x	x	x	x	(x)	x	x	x	x	x	x	x	x	x	x
1526	Wirtschaftsplanung/Ver- u. Entsorgung		x	x	x	x		(x)		x		x	x	x	x			x
1527	Siedlungsplanung	x	x	x	x	x	x	(x)	x	x	x	x	x	x	x			x
153	räumlicher Bezug																	
1531	Raster	x	x		x	x	x	x	flexi-100x	x	x	2)	x	x	500x	1000x	flexi-4)	x
15311	Rastergröße	50x 50	500x 500		1000x 1000	1km² 4km²	2)	250x 250	bel 100	100	3)		a10x10 b500x500	850x 510	500	1000	bel	
15312	Rasterform																	
153121	rechteckig	x	x		x	x	x²⁾	x	x	x	(x)	x	ax	x	x	x	x	x
153122	quadratisch	x	x		x	x	x	x	x	x	(x)	x	ax	x	x	x	x	x
15313	Rasterinhalt																	
153131	mit rasterinterner Flächendiff.				x				x	x			bx	x			x	x
153132	ohne rasterinterne Flächendiff.	x	x			x	x	x		x	x	x	ax	x	x			x
1532	unregelmäßige Fläche	x				x	x			x			x	x	(x)	x	x	x
15321	Gemeindeteil (z.B. Baublock)	x	x	x		x	x	x	x	x		x	x	x		x		
15322	Gemeinde						x	x	x	x	(x)	x	x	x		x	x	x
15323	Amt						x		x	x	(x)		x					
15324	Kreis (einschl. Stadtkreis)					x	x		x	x	x	x	x	x		x	x	x
15325	sonst. Fläche (z.B. Naturraum)					x	x		x	x		x	x	x		x	x	x
15326	digitalisierte Basisflächen der Kriterien/realer Flächenbezug			¹⁾			x		x		x	x	x					
1533	Punkt			x		x	x	x		x		x		x	(x)	x	x	x
15331	Flächenschwerpunkt			x			x										x	x
15332	Bebauungsschwerpunkt						x											
15333	Siedlungsschwerpunkt						x							x				
15334	sonst. Punkt (z.B. Haus, Block)	x		x		x	x											
1534	Linie			x	x	x		x	x			x			(x)		x	x
15341	Straße			x		x	x					x						
15342	Kanal			x		x	x											

Fußnoten siehe folgende Seite

Fußnoten für S. 29

1) Polygon- und Segmentverfahren
2) flexibel
3) Rastergrößen: a) 63 x 106
                  b) 630 x 1060
                  c) 250 m^2 : Sonderteil ("Baden")
4) flexibel; 25 x 25 bis 100 x 100; Testgebiet 100 x 100

Gruppe lfd.Nr.		PD			PR									PL				
		1	2	3	1	2	3	4	5	6	7	8	9	1	2	3	4	5
1535	Bezugssystem																	
15351	Gauß-Krüger		x				x		x		x		x			x		x
15352	UTM						x	x	x									
15353	Nachbarschaft (topologisch)			x			x				x¹⁾							x
1536	Umrechnungsschlüssel	(x)		x	x		x	(x)	x		x	x	x	x	(x)	x		
16	Datenverknüpfung					(x)												
161	logische Verknüpfung	x		x	x		x	x	x	x	x	x	x	x	x	x		x
162	arithmetische Verknüpfung	x	x	x	x	x	x	x	x	x	x	x	x	x	x	x		x
163	Verknüpfung innerhalb einer Bezugsfläche	x	x	x	x	x	x	x	x	x	x	x	x	x	x	x		
164	Verknüpfung, bezugsflächenübergreifend		x								x¹⁾							(x)
17	Datenfortschreibung, -erweiterung, -aggregation																	
171	Fortschreibungsfähigkeit	x	x	x	x	x	x	x	x	x	x	x	x	x	x	x		x
172	Erweiterungsfähigkeit	x	x	x	x	x	x	x	x	x	x	x	x	x	x	x		x
173	Aggregationsfähigkeit	x	x	x	x	x	x	x	x	x	x	x	x		x	x		x

---

1) nur für Sonderteil "Boden"

		Gruppe	PO			PR									PL				
	lfd.Nr.	1	2	3	1	2	3	4	5	6	7	8	9	1	2	3	4	5
18	Darstellungsform																	
181	Listen	x					x							x		x	x	
1811	manuell			x		x	x			x	x		x				x	x	
1812	mit EDV	x	x		x	x	x	x	x	x	x	x	x	x		x	x	x	
182	Tabellen	x	x		x	x	x	x	x	x	x	x	x	x		x	x	x	
1821	manuell		x		x	x	x			x	x	x					x	x	
1822	mit EDV	x		x	x	x	x	x	x	x	x	x	x	x		x	x	x	
183	Matrizen																	x
1831	manuell																	
1832	mit EDV			x			x		x	x	x	x	x	x			x		x
184	Graphiken		x	x			x	x	x	x		x	x	x		x	x		x
1841	manuell		x					x						x				x	
1842	mit EDV		x	x			x	x	x	x	x	x	x	x		x	x		x
1843	3D-Bild			x															x
185	Karten	x	x	x	x	x	x	x	x	x	x	x	x	x		x	x	x	x
1851	manuell	x	x	x	x	x	x	x	x	x	x	x	x	x		x	x	x	x
1852	mit EDV	x	x¹⁾	x	x	x	x	x	x	x	x	x	x	x		x	x	x	x
18521	Printerkarten	x		x	x	x	x	x	x	x	x	x	x	x		x	x	x	x
18522	Plotterkarten		x	x	x	x	x	x	x	x	x	x	x	x		x	x	x	x
18523	digitale Karte			x			x												
186	Photos						x			x							x		
19	Allgemeines zu den Daten																		
191	Aktualität	1974	1975		1977	1976	1977	1979	1977	1977	1978	1979	1979	70/71 –1974	1976	1979	1978	1979
192	Prognosezeitraum													1990					
193	direkte Auswertungen und Schlußfolgerungen	x	x		x	x	x	x	(x)	x	x	x	x	x					(x)
194	Kosten	x				x	x²⁾		x	x³⁾		x⁵⁾					x		x
1941	Erhebungskosten	x				x	x		x								x		x
1942	Verarbeitungskosten	x				x											x		x
1943	Darstellungskosten					x													
195	Planungsrelevanz geprüft	x	x	x	x	x	(x)	x	(x)	x	x	x	x	x		(x)	x	x	x
196	Erhebbarkeit geprüft	x	x	x	x	x	x	x	x	x	x⁴⁾	x	x	x		(x)	x	x	x
197	Datenreduktion durchgeführt (auf wesentliche Daten beschränkt)	x	x				x	x	x	x	x	x							x

1) Isolinien-Karten
2) 4 Mio DM (ohne Entwicklungskosten für Programme "Digitale Karte")
3) 1 Mannjahr Arbeitsaufwand
4) nur in Teilbereichen Erhebbarkeit gewährleistet
5) differenziert nach Fachbereichen

Gruppe lfd.Nr.		PO 1	PO 2	PO 3	PR 1	PR 2	PR 3	PR 4	PR 5	PR 6	PR 7	PR 8	PR 9	PL 1	PL 2	PL 3	PL 4	PL 5
2	Dateien und Datenbanken			3)			x											
21	Aufbau der Dateien					x												
211	gezielter Aufbau	x														x		
212	Standardisierung		x			(x)		x					x					
22	Ausbau der Dateien														x			
221	Ausbaufähigkeit	x	x				x 7)	x	x	x	x	x			x		x	
222	Ausbaustufen	x	x					x	x	x	x	x			x		x	x
223	Änderungsfreundlichkeit	x	x			x	x	x	x		x	x			x			
23	Datenträger																	
231	Lochkarte	x			x		x		x	x						x	x	x
232	Magnetband	x			x		x	x	x			x	x			x	x	x
233	Magnetplatte	x			x			x	x			x	x					
234	sonstige															17)	17)	
24	Dateiorganisation																	
241	sequentiell	x			x			x		x				x				
242	indexsequentiell							x						(x)				
243	direkter Zugriff													(x)				
244	relativer Zugriff																	
25	Satzform																	
251	fest			x	x					x			x					
252	variabel																	
253	undefiniert																	
26	Datenbank (Datei + Programmsystem)	x			x	(x)	x	x	x		x	x		x	x	19)	x	x 23)
27	Umfassendes Informationssystem	x			x	(x)	x	(x)	x		(x)	x		x		20)	x	(x)
3	Hardware																	
31	benutzte Hardware																	
311	Zentraleinheit	Siem. 4004					8)		16)									IBM 370
312	Peripherie	1)2) .4)	1)4) 5)6)	4)			5)9) 10)11) 12)13) 14)		4)12) 13)			4)15)	4)5) 6)15)				5)6) 21)	5)15) 21)
32	vorgeschlagene Hardware																	
321	Zentraleinheit	IBM 360/370																
322	Peripherie	IBM 3211	4)17)				12)15)								18)			18)

Fußnoten siehe folgende Seite

Fußnoten für S. 33

1) Drucker
2) Magnetplatten
3) auf Sonderschriften wird verwiesen
4) Plotter
5) Bildschirm
6) Mikrofilmplotter
7) Einsatz von Multispektral-Daten möglich
8) RX 530, 96 K; Zentralsystem CPU, 265 K
9) Lochstreifenleser
10) Hagensysteme, Haromat, Xynetics 1100
11) Zeiß Planimat und Wild A8 mit Haromat
12) Scanner
13) Aristogrid
14) Tectronix graph. Display 4010 und 4040 mit Hardcopy-Unit
15) Digitizer
16) CD 6600, CYBER 174
17) Mikrofilmspeicherung
18) Digitizer + Sichtgerät + Hardcopygerät
19) BALIS + GOLEM-PASSAT
20) compatibel mit anderen flächenorientierten Fachdatenbanken
21) KARTOSCAN, MBB
22) Belegleser
23) ADABAS

Gruppe lfd.Nr.	PO 1	PO 2	PO 3	PR 1	PR 2	PR 3	PR 4	PR 5	PR 6	PR 7	PR 8	PR 9	PL 1	PL 2	PL 3	PL 4	PL 5
4 Software		2)													19)		
41 Betriebssystem																	
42 benutzte Software			5)			11)	15)	16/17							x	x	23-16)
421 Programme für die Datenerfassung	x		x 6)	x		x	x	x	x	x	x				x	x	27,17)
422 Programme für die Datenprüfung	x		x 6)	x		x	x	x	x	x	x				x	19/20)x	20,28)
423 Programme für die Dateiverwaltung	x		x 6)	x		x	x	x	x	x	x				x	u.a. 15)	15)29-32)
424 Programme für die Datenverarbeitung	x	x	x 6)	x		x			x				x				
425 Programme für die Darstellung	x	x 3)	x 7,8)	x		x	x	x	x 15)		x	x 18)	x		x	u.a. 15)	15,23,32,33)
43 vorgeschlagene Software																	
431 Programme für die Datenerfassung					(x)									x		21)	
432 Programme für die Datenprüfung					(x)									x			
433 Programme für die Dateiverwaltung					(x)												
434 Programme für die Datenverarbeitung			x 9)													u.a. 22)	
435 Programme für die Darstellung					(x)									x		u.a. 22)	
44 Programmaufbau																	
441 linear	x										x						
442 modular	1)					x 12)		x	x	x	x	x		x		x	x
443 Unterprogrammtechnik										x	x	x					
45 Programmiersprache	1)			10)		1)	x										1)
46 Benutzervorgaben		x					x							x			(x)
47 EDV-Organisations-Analyse			x			x 13)		x						x			x
48 Ausbaufähigkeit z. interaktiven System				x	x	x	x	x			x			x			(x)
5. Allgemeines über die Analysen, Planungen, Gutachten usw.																	
5.1 Übertragbarkeit		x	x	x	x	x	x	x	x	x	x	x	x	x	x	x	x
5.2 Anpassungsfähigkeit		x	x	x	x	x	x	x	x	x	x	x	x	x	x	x	x
5.3 Ausbaufähigkeit		x	x	x	x	x	x	x	x	x	x	x	x	x	x	x	x
5.4 Nachvollziehbarkeit		x	x	x	x	x	x	x	x	x	x	x	x	x	x	x	x
5.5 Praktikabilität (Benutzung durch Nicht-EDV-Kräfte)	x	x	x	x		x	x	x	x	x	x	x	x	(x)	x	x	x
5.6 Quantifizierung ökologischer Zusammenhänge					x	14)		1Wo			x			x	x		(x) 34)
5.7 Schulungsaufwand					x	x		x			x			x			x
5.8 Nutzwertanalyse				x	x	x	x	x			x	x		x	x		x
5.9 Darstellung der Projektorganisation	x			x	x	x	x	x	x	x	x	x		x	x	x	x
5.10 Darstellung der Methodik	x	x 4)	x	x	x	x	x	x	x	x	x	x		x	x	x	x
5.11 Einsatz von Systemanalysemethoden				x	x	x	x	x	x	x	x	x		x	x	x	x
5.12 Berücksichtigung der Wirkungszusammenhänge		x		x	x	x	x	x	x	x	x	x		x	x	x	(x)

Fußnoten siehe folgende Seite

Fußnoten für S. 35

1) FORTRAN IV
2) auf Sonderschriften wird verwiesen
3) HOELI = Höhenlinienkartierung
4) Delphi-Befragung
5) AEDKATAS-Programmsystem
6) AEDPOLY
7) AEDKART
8) AEDPLOT
9) AEDISTRI, AEDMATCH
10) ALGOL, FORTRAN
11) Systeme "Hepas Lokal" (GEOCODE) und "Digitale Karte"
12) für "Digitale Karte"
13) teilweise möglich
14) < 3 Monate für Operating
15) GRID-Programm (USA)
16) COPLAN (Uni Stuttgart)
17) RSYST (Uni Stuttgart)
18) AEDDISTRI, AEDKART, AEDPLOT, AEDKATAS, PERSPEC
19) EDV-System GOLEM-PASSAT
20) ADABAS (LfU Bayern)
21) Benutzung von Satellitenkarten vorgesehen
22) IMGRID
23) UMSETZ
24) INTER
25) LINIE
26) RASTER
27) WANDEL/DRAWS
28) RALIN
29) NACHBAR
30) STATISTIK
31) GELÄNDE
32) ISOLINIE
33) PLOT
34) für Datenerfassung

Gruppe lfd.Nr.	PO 1	PO 2	PO 3	PR 1	PR 2	PR 3	PR 4	PR 5	PR 6	PR 7	PR 8	PR 9	PL 1	PL 2	PL 3	PL 4	PL 5
5.13 Gliederungstechnik angewandt	x	x	1	x		x		x	x	x	x	x	x	x	x		x
5.14 Anwendungshäufigkeit des Verfahrens	1	1	1	1	(1)	2¹⁾	2		2		2	1	1	(1)	1		
5.15 Erprobung im Testfall	x	x	x			x	x	(x)	x	x	x	x	x	x	x	(x)	(x)
5.16 Benutzerfreundlichkeit	x	x	x			x	x		x			x		x	x	(x)	x
5.17 Vielfach einsetzbar (Flexibilität)	x	x	x	x	x	x	x	x	x	x		x	x	x	x	(x)	x
5.18 Kapazitätsberechnungen durchgeführt	x							x									x
5.19 Raumordnungskatasteranschluß			(x)		x	x						x				(x)	
5.20 Prognoseverfahren durchgeführt					x	x							x				

1) Einsatz für Umweltschutzanalysen beabsichtigt

7.3 Anmerkungen zur Kennzeichnungs- und zur Datenliste (8.2)

1. zu PO 1

    .1 Als Primärdaten wurden die Daten angesehen, die für das Testgebiet nicht oder nicht vollständig vorhanden sind, obwohl keine Erhebung erfolgte.

    .2 Gesamtdatenzahl (einschl. Ausprägungen etc.): 989, hier wurden nur Datengruppen in der Datenanzahl berücksichtigt.

2. zu PO 3

    .1 Zahl der Merkmalskategorien: Nicht berücksichtigt wurden hier Merkmale, die der räumlichen Zuordnung dienen. Sie sind unter "räumlicher Bezug" berücksichtigt.

    Als Merkmale bleiben dann:
Nutzungsarten	(53)
Kanaleinzugsbereich	1
Geschoßzahl	1
Höhe	1
	56

    .2 Quantitative Differenzierung innerhalb Kategorie: nur bei Geschoßzahl und Geschoßhöhe

    .3 Die Eintragung der Quellen in der Datenliste basiert auf den Angaben über die "Informationserfassung". Die Zuordnung von Quelle und Merkmal wurde geschätzt, soweit keine direkten Angaben vorlagen.

    (Qu 9 = Ergänzung durch Ortsbegehung)

3. zu PR 4

    .1 Es fehlen Informationsbögen mit Angaben über Quellen, Zeit und Art der Erhebung.

    .2 Die Daten wurden in die "Qu-Spalte" der Datenliste (vgl. 8.2.2) eingetragen, sofern der abgeleitete Charakter nicht aus der Beschreibung hervorgeht.

.3 Bei der Datenzahl ist die vorgesehene Datenzahl in Klammern aufgeführt.

.4 Gesamtdatenzahl (aufgeführte Ausprägungen): 542, davon als abgeleitete Daten erkennbar: 62

4. zu PR 6

   .1 Die "Datenliste" (vgl. 8.2.2) der Arbeit enthält nur EDV-erfaßte Daten.

   .2 Bei den Eingabedaten für die Nutzwertanalyse wurden zusätzliche Daten einbezogen; die Auswertung erfolgte manuell.

5. zu PR 7

   .1 Die Datenanalyse ist problematisch:

   - Für den Gesamt-Modellansatz ist nur für "Nutzungen" eine Datenliste angegeben. Die zu berücksichtigenden "Interferenzen" sind vermutlich keine Eingabedaten. Die für die Ermittlung der Interferenzen benötigten Daten werden nicht angegeben.

   - Im Anwendungsbeispiel weicht die Liste der erfaßten "Nutzungen" von der o.g. Liste ab. Es fehlen die Quellenangaben.

     Die Eingabedaten zur Ermittlung der Interferenzen sind nicht explicit angegeben.

     Für Landwirtschaft/Wassergewinnung werden sie offenbar EDV-mäßig erfaßt, da eine EDV-Auswertung vorliegt, für andere Bereiche liegen nur Angaben über benötigte bzw. vorhandene Informationen vor.

     Unklar ist vor allem, auf welchem Aggregationsniveau die Daten EDV-mäßig erfaßt werden (sollen). Die Eintragungen beruhen deshalb z.T. auf Vermutungen.

   - Über EDV-Programme, Dateiaufbau etc. liegen keine Informationen vor.

6. zu PR 8

   .1 In der Datenanalyse sind die Daten des Gesamtprojekts erfaßt, nicht die für das Testbeispiel erhobenen Daten.

   .2 Die Datenanalyse basiert auf den Angaben zur "Datenbasis" in den "Verknüpfungsmatrizen".

   .3 Die Quellen wurden, soweit möglich, den Angaben über die Arbeiten in den Fachbereichen entnommen.

   .4 Die Zuordnung zu primären, sekundären und abgeleiteten Daten war nur begrenzt möglich, da keine direkten Angaben vorliegen (häufig eigene Erhebungen und Auswertung vorhandener Unterlagen). Bei unklarer Datenart erfolgte Eintragung in "Qu-Spalte" der Datenliste (vgl. 8.2.2).

7. zu PL 2

   .1 Standarddaten und zusätzliche bzw. alternative Daten wurden zusammengefaßt.

   .2 Standarddaten: 43

   .3 Zusätzliche alternative Daten: 25

8. zu PL 3

   .1 Da die einzubeziehenden Daten von der jeweiligen Problemstellung, Region, Verfügbarkeit abhängen, ist die Vorgabe eines Gesamt-Datenkatalogs nicht geplant.

   .2 zu 11: Es wurde keine Eintragung vorgenommen, da für die konzipierte LDB die Datenzahl nicht festgelegt ist.

   .3 zu 14, 151: Da die aufgeführten Datenkataloge nicht das Spektrum aller Daten spiegeln, für die die LDB konzipiert ist, erscheint die Auswertung unter 14 und 151 wenig sinnvoll.

.4 zu 15311: Für die Teilprojekte ist eine Rastergröße von 100 m x 100 m vorgesehen.

.5 zur Datenliste: Da nicht klar ersichtlich ist, welche im Konzept genannten Daten bereits gespeichert sind, werden alle Daten als 'vorgesehene Daten' (x) betrachtet. Quellen wurden nur aufgeführt, wenn besondere Hinweise im Text gegeben wurden. Da Datenlisten unter Berücksichtigung der Verfügbarkeit aufgestellt wurden, ist als Datenart 's' angegeben, wenn die Daten aus topographischen Karten u.a. genannten Quellen abgeleitet werden können.

7.4 Zusammenfassende und vergleichende Betrachtungen

Die vorstehende Kennzeichnungsliste gibt einen vergleichenden Überblick über Zahl, Form und Inhalt der oben aufgeführten (vgl. S. 24 ff.) Problemstellungen. Es kann nicht sinnvoll sein, an dieser Stelle nun verbal den Inhalt der listenmäßigen Aufstellung wiederzugeben. An einem Beispiel wird jedoch das Lesen der Liste demonstriert: über alle "Orts-", "Regional-" und Landesplanungsbereiche" (hier Gruppen genannt) betrachtet, kann der Anfang der Liste wie folgt interpretiert werden:

> Die Zahl der Merkmalskategorien (11) ist je nach Umfang und Zielsetzung der zum Vergleich herangezogenen Arbeit unterschiedlich groß. In vielen Fällen (10 von 17) wird eine qualitative Differenzierung innerhalb der Kategorien, in noch mehr Fällen (13 von 17) eine quantitative Differenzierung vorgenommen. Überwiegend kommen Sekundärdaten und abgeleitete Daten zur Anwendung. In wenigen Fällen (PO 1, PL 2) ist der Einsatz von Primärdaten jedoch relativ groß.

Dieses Beispiel mag ausreichen, dem Leser den Einstieg in die listenmäßige Erfassung und eine eventuelle Auswertung für eigene Probleme zu erleichtern. Die nicht angekreuzten Stellen besagen nicht unbedingt, daß die aufgeführten Kriterien, Fragestellungen usw. in der betreffenden Arbeit nicht vorkommen oder nicht behandelt wurden, sie besagen lediglich, daß hierüber nichts ausgesagt wurde. In den vorstehenden "Anmerkungen zur Kennzeichnungs- und zur Datenliste" wird auf weitere Einzelheiten und Einschränkungen verschiedener, zum Vergleich herangezogener Arbeiten eingegangen.

Besonders hervorzuheben ist, daß

- in fast allen Arbeiten zwar Raster, diese aber in sehr unterschiedlichen Größenordnungen eingesetzt wurden (1531),

- in verhältnismäßig wenigen Fällen eine rasterinterne Flächendifferenzierung vorgenommen wurde (153131),

- nur in wenigen Fällen das UTM-Gitternetz benutzt wurde (15352),

- nur in verhältnismäßig wenigen Arbeiten eine bezugsflächenübergreifende Verknüpfung vorgenommen wurde (164),

- Printer- und Plotterkarten sehr häufig verwendet wurden (18521, 18523),

- die digitale Karte nur in zwei Arbeiten vorkommt (18523) und

- die Benutzung durch "Nicht-EDV-Kräfte" nur in verhältnismäßig wenig Fällen möglich ist (5.5).

8 Daten und Datenquellen der herangezogenen Analysen, Planungen und Projekte

8.1 Vorbemerkungen

Um einen tieferen Einblick in die Datenstruktur der analysierten Arbeiten zu ermöglichen, sind für die unter 14 "erfaßte Datengruppen" der Kennzeichnungsliste (s. S. 27) aufgeführten Gruppen - soweit es die vorliegenden Arbeiten zuließen - die verwendeten Kriterien listenmäßig erfaßt und differenziert worden. Darüber hinaus wurden über die in die Listen aufgenommenen "Qu-Spalten" und einen "Datenquellenschlüssel" (s.u.) die verwendeten Datenquellen weitmöglichst nachgewiesen. Soweit in den betreffenden Arbeiten keine speziellen Quellen angegeben werden, wird nur auf den Datenquellenschlüssel Bezug genommen.

Die Zuordnung der in den Arbeiten verwendeten Eingabedaten erfolgte in der Sonderliste nach vorgegebenen Kriterien. Auf diese Weise wird ein Vergleich der Arbeiten hinsichtlich der verwendeten Daten möglich. Es ließ sich nicht vermeiden, daß dabei die Daten anders gruppiert und aggregiert wurden als in den jeweiligen Arbeiten angegeben. Die Gesamtzahl der Daten kann deshalb von der unter 11 der Kennzeichnungsliste genannten abweichen.

In die Datenlisten wurden nur die Kriterien aufgenommen, die zur verwendeten Methode gehören.

Im einzelnen wurden in den Datenlisten folgende Abkürzungen verwendet:

p	=	Primärdaten
s	=	Sekundärdaten
a	=	abgeleitetes Datum
Qu	=	Datenquelle; Numerierung der Quellen siehe Datenquellenschlüssel
x	=	erfaßt
o	=	geplanter Zustand des Kriteriums erfaßt
n.e.	=	nicht erwähnt (bei Quellenangaben)
⊗	=	vorhandener und geplanter Zustand des Kriteriums erfaßt (x und o)

Der Datenquellenschlüssel ist wie folgt gegliedert:

11 Topographische Karten
12 Arbeitsblätter zu topographischen Karten
13 Luftbilder
14 Militärisches Kartenmaterial
15 Photos

21 Klimakarten
22 Reliefkarten
23 Geologische Karten
24 Bodenkarten
25 Gewässerkarten
26 Hydrologische Karten
27 Vegetationskarten
28 Karte der naturräumlichen Gliederung
29 Verwaltungskarten

31 Bundesplanung (Gesamtplanung)
32 Landesplanung
33 Regional-/Verbandsplanung
34 Kreisplanung
35 Kommunalplanung

41 Landschaftsplanung
42 Wasserwirtschaftsplanung
43 Agrarplanung
44 Forstplanung
45 Erholungs- und Fremdenverkehrsplanung
46 Naturschutzplanung
47 Verkehrsplanung
48 Wirtschaftsplanung, Ver- und Entsorgung
49 Siedlungsplanung

51 Fachübergreifende Datenbanken
52 Amtliche Statistik
53 Klimastatistik
54 Gewässer-/Wasserwirtschafts-Statistik
55 Agrarstatistik
56 Fremdenverkehrsstatistik
57 Verkehrsstatistik

61 Unterlagen von Behörden
62 Unterlagen von Berufsorganisationen/Kammern
63 Unterlagen von Vereinen/Gesellschaften
64 Unterlagen von Universitäten

71 Gutachten, Sonderuntersuchungen
72 Wissenschaftliche Literatur
73 Normen, Richtlinien, Gesetze

81 Auskünfte von Behörden
82 Auskünfte von Berufsorganisationen/Kammern
83 Auskünfte von Vereinen/Gesellschaften
84 Auskünfte von Universitäten

9 Eigene Erhebungen

8.2 Aufschlüsselung der als Eingangsdaten verwendeten Kriterien

8.2.1 Gruppe 1: Ortsplanungsbereich (PO)
Aufschlüsselung der als Eingangsdaten verwendeten Kriterien (zu Ziffer 14 der Kennzeichnungsliste)

		PO 1			PO 2			PO 3		
		p[1]	s	Qu	p	s	Qu	p	s	Qu
141	**Soziökonomische Situation**									
	Bevölkerung, Einwohnerzahl									
	Bevölkerungsdichte									
	Bevölkerungsveränderungen									
	- natürliche									
	- Zu- und Abwanderung, Pendler									
	Altersstruktur									
	Ausbildungs-/Sozialstruktur									
	Erwerbs-/Arbeitsplatzstruktur									
	Einkommen									
	Wirtschaftsstruktur/Branchen									
	Wirtschaftskraft/Bruttoinlandsprodukt									
	Arbeitsmarkt									
	Grundstücksverfügbarkeit	x		11/52						
	Energiebilanz									
	Nutzungsbezogene ökonomische Daten									
	Deckungsbeiträge Landwirtschaft									
	Deckungsbeiträge forstliche Bewirtschaftungsverfahren									
	Besitzverhältnisse Wald									
	Wasseraufbereitungskosten für Trinkwassergewinnung aus Grundwasser									
	Wasseraufbereitungskosten für Trinkwassergewinnung aus Oberflächenwasser									
	Investitions- und Betriebskosten für Freibäder									
	Kosten für Aufbereitung der Ressource									
	Ökonomische Wertung der Ressource									
	Gemeindegrenzen/Kreisgrenzen									
	Mittelbereiche									
	Entwicklungsschwerpunkte, zentrale Orte									
	Entwicklungsachsen, Nachbarschaftsverbände u.a.									
	Raumstruktur (Verdichtungsraum/strukturschwacher Raum)									

[1] Daten liegen für Testgebiet nicht vor. Eigenerhebung wurde nicht durchgeführt.

	PO 1			PO 2			PO 3		
	p	s	Qu	p	s	Qu	p	s	Qu

1421 Klima, Luft, Lärm

Klimatische Situation
- Temperatur
- Niederschlag
- Wind
- Strahlung
- Verdunstung
- Luftfeuchte
- Lokalklima
- Bestandsklima
- Kaltluft/Warmluft
- Nebel
- Hagel
- Schnee
- Frost
- Schwüle
- Inversionen
- Phänologische Situation
- Vegetationsperiode
- Wuchsklima
- Bioklimatische Zone
- Ausbreitungsbedingungen
- Netzdichte windwirksamer Strukturen

Belastungen/Gefährdungen/Grenzwerte/Restriktionen [1]
- Emissionen Schadstoffe (flächenbezogen)
  - einzelne Schadstoffe
  - nach Wirkung gegliedert
- Abwärme
- Vorbelastung aus benachbarten Gebieten
- Immissionen Schadstoffe
  - einzelne Schadstoffe
  - Immissionswirkung
- Immissionsgrenzwerte
- Emissionen Lärm (gesamt)
- Immissionen Lärm
- Grenzwerte

[1] hier nur Angaben ohne Nutzungsbezug

- 46 -

	PO 1				PO 2				PO 3			
	p	s	p	Qu	p	s	p	Qu	p	s	p	Qu
1422 Relief, Gestein, Boden												
Reliefenergie												
– min. Höhe			x	12/11								
– max. Höhe			x	12/11								
Höhe über NN												
Exposition			x	12/11								
Inklination			x	12/11								
Morph. Ausprägung			x	12/11								
Spezielle Landschaftsformen												
– Terrassenlandschaften												
Formation/Gesteinsart			x	23								
Lagerstätten, pot. Abbau												
Aufschüttungsflächen			x	13/11/9				x				
Abgrabungsflächen								x				
Beugrundeignung												
Böden, allgemein												
Ausgangsmaterial der Bodenbildung												
Bodenentwicklung/Zustandsstufe												
Bodentyp			x	24								
Bodenart			x	24								
Bodengüte			x	24								
Mächtigkeit/Gründigkeit			x	24								
Bodenwärmehaushalt												
Bodenlufthaushalt												
Bodenwasserhaushalt			x	24								
Nährstoffhaushalt												
Skelettanteil			x	24								
Gefügestabilität												
Humusgehalt			x	24								
Austauschkapazität												
ph-Wert												
Edaphon												
Gewässer-Sedimente												
Belastungen/Gefährdungen/Grenzwerte/Restriktionen												
Schadstoffbelastung												
Erosionsgefährdung												
Bodenschutzgebiet												
Bodendenkmal												

1423 Wasser

	PO 1				PO 2				PO 3			
	p	s	o	Qu	p	s	o	Qu	p	s	o	Qu
Oberflächengewässer												
Einzugsgebiete												
Fließgewässer												
- Größenklasse		x		11/12								
- Länge												
- Abflußwerte												
- Ausbaugrad	3x[1]			71/54								
Stehende Gewässer												
- Größe												
- Ausbaugrad		x		11/12								
Belastungen/Gefährdungen/Grenzwerte/Restriktionen												
Gewässergüte												
- Temperatur	x			54								
- Aufwärmspannen												
Selbstreinigungskraft												
Belastbarkeit												
Schmutzwasser												
Wärme												
Grundwasser												
Flurabstand oberflächennahes Grundwasser	x			71/54								
- Ganglinien												
- hoher Stand												
- tiefer Stand												
Höffigkeit/Speichergestein												
Deckschicht												
Leitfähigkeit												
Belastungen/Grenzwerte/Gefährdungen/Restriktionen												
Regenerationsfähigkeit, Neubildungsrate												
Empfindlichkeit												
Wasserqualität								x				11/13

[1] Wasserstand, -führung, Fließgeschwindigkeit

1424 Pflanzen- und Tierwelt

Ökosysteme
- Entwicklung
- Stoff-, Energiehaushalt
- Arten-, Strukturdiversität
- Naturnähe

Vegetation

Reale Vegetation[1)]
- einschl. strukturierender Elemente (z.B. Knicks)
- Gesellschaften
- floristische Bestandsaufnahme

Potentielle natürliche Vegetation

Historische Vegetation

Gewässervegetation

Fauna
- Gesellschaften
- faunistische Bestandsaufnahme

Belastungen/Gefährdungen/Grenzwerte/Restriktionen

Fremdstoffe in frei lebenden Tieren

Langzeitwirkung von Fremdstoffen in Tieren

Ansprüche von Organismen an Biotope
(Milieu, Schadstoffe)

Nutzungsschäden

Gefährdung

Ersetzbarkeit

	PO 1			PO 2			PO 3		
	p	s	Qu	p	s	Qu	p	s	Qu
einschl. strukturierender Elemente (z.B. Knicks)		x	13/27						
Potentielle natürliche Vegetation		x	27/71						
faunistische Bestandsaufnahme	x[2)]		71						

1) Wald, Acker, Grünland - Nutzungen
2) Wild, Vögel, Fische

	PO 1			PO 2			PO 3		
	p	s	Qu	p	s	Qu	p	s	Qu

143 Nutzungsbezogene Daten									
1431 **Wasserwirtschaft**									
Wassergewinnung								x	42
Schongebiete									
– Schutzgebiete		x	35						
– Einzugsgebiete									
Speicherseen									
Förderungsanlagen (Grundwasser)		x	35						
Förderungsanlagen (Oberflächenwasser)									
Förderungsdichte									
Wasserleitungen		x	35						
Versorgungsbilanz									
– Wasserbedarf									
– Wasserverbrauch									
– Wasserdargebot/Kapazität									
– Eigenversorgungsgrad									
Regulierung des Wasserhaushaltes									
Hochwassergefährdete Gebiete/Überschwemmungsgebiete									
Hochwasserschutzanlagen									
– Deiche		x	11/13						
– technische Anlagen		x	61/63						
Entwässerungsbedürftige Gebiete									
Grundwasseransteubereiche									
Wasserwirtschaft als Verursacher von Belastungen									
Wasserwirtschaft als Betroffener von Belastungen									
Grenzwert Trinkwasserqualität									

— 50 —

1432 Land- und Forstwirtschaft, Fischerei

Landwirtschaftlich und gartenbaulich genutzte Fläche

	PO 1				PO 2				PO 3			
	p	s	m	Qu	p	s	m	Qu	p	s	m	Qu

Nutzungsarten
- Acker/Grünland/Sonderkulturen: 2x[1] 13/11/9 ; 7x[3] 11/13/9
- weitere Differenzierung: x 13/11/9

Art und Intensität der Bewirtschaftung: x[2] 62/13/9
- Erträge
- Düngung
- Pflanzenschutz

Landwirtschaftliche Betriebsstruktur

Stand der Flurbereinigung

Landwirtschaftliche Vorranggebiete

Forstwirtschaftlich genutzte Fläche/Wald

Waldarten
- Nadel-/Laub-/Mischwald: x 13/11/44/9 ; x 11/13/9

- weitere Differenzierung/Holzart

Art und Intensität der Bewirtschaftung
- Bestandsdichte
- Altersklassen
- Art der Nutzung

Schonwald (ausgewiesen)

Waldfunktionen (Differenzierung wie in Waldfunktionskarten)
- Wald im Schutzgebiet u.a. Ersatzdaten
- Erholungswald (ausgewiesen)

Fischereilich genutzte Flächen
- Fischteiche

Agrarische Nutzung als Verursacher von Belastungen

Agrarische Nutzung als Betroffener von Belastungen
- durch Grundwasserveränderung beeinträchtigte forstw. Nutzfläche

1) Hutung, Streuwiese, Gartenland
2) konventionell, biologisch, Sozialbrache
3) Obst, Gemüse, Wein, Baumschulen, Unterglaskulturen, Gärtnerei

	PO 1			PO 2			PO 3		
	p	s	Qu	p	s	Qu	p	s	Qu

1433 Erholung (landschaftsbezogene Erholung)

Natürliche Erholungseignung
- Differenzierung nach Nutzungsarten

Erholungsgebiete (ausgewiesen)		x[1]	15/71/ 53/9						
- Naherholung									
- Ferienerholung									
Erholungseinrichtungen									
Spiel-/Sport-/Freizeiteinrichtungen									
- Differenzierung nach Art der Einrichtungen		x[1]	15/71/ 53/9						
- Campingplatz		x	15/71/ 53/9					x	
- Ferienhausgebiet								x	
Nutzungsintensität		x	15/71/ 53/9						

Versorgung mit Erholungsgebiet
- Einwohner im Einzugsbereich
- Bedarf an Erholungsfläche
- Erreichbarkeit

Erholungsnutzung als Verursacher von Belastungen
- Trittbelastung
- Lärmbelastung

Erholungsnutzung als Betroffener von Belastungen
Lärmbelastung im Außenbereich

Grenzwert Badewasserqualität

1) zusammengefaßt mit Spiel- und Sporteinrichtungen im Siedlungsbereich

1434 Naturschutz

	PO 1			PO 2			PO 3		
	p	s	Qu	p	s	Qu	p	s	Qu
Schutzgebiete									
- Naturschutzgebiet		x	35/46						
- Landschaftsschutzgebiet		x	35/46						
- Naturdenkmal		x	35/46						
- Naturpark		x	35/46						
- Nationalpark									
- Naturwaldzelle/Wildschutzgebiet/Waldschutzgebiet/Bannwald									
- Kombination von Schutzarten		x	35/46						
Schützenswerte Flächen/"wertvolle Landschaftsteile"									
- schutzwürdige Biotope	x		9/71						
- botanisch bedeutsame Räume									
- zoologisch bedeutsame Räume	x		9/71						
- ornithologisch bedeutsame Räume									

Naturschutz als Verursacher von Belastungen

Naturschutz als Betroffener von Belastungen

- 53 -

	PO 1			PO 2			PO 3		
p	s	a	Qu	p	s	a	Qu	p	s	a	Qu

1435 Abbau Sand/Steine/Erden

Abbauflächen
- Art des abgebauten Materials x 13/11/9
- Art des Abbaus
- Stand der Rekultivierung
- Art der Rekultivierung
- Rekultivierungsbedingungen

Abbau als Verursacher von Belastungen
- Menge und Art des Abraums
- Menge und Art der Abfallstoffe aus Aufbereitung und Veredlung
- Beeinflussung des Grundwassers
- Beeinflussung des Landschaftsbildes
- sonstige Wirkungen auf den Landschaftshaushalt

1436		PO 1				PO 2				PO 3			
		p	s	s	Qu	p	s	s	Qu	p	s	s	Qu
Siedlung													
Siedlungsfläche (gesamt)													
Siedlungsdichte (Einw./Siedlungsfläche)													
Bebauungsdichte				x	13/11/							x	49/11/13/9
Geschoßzahl/Bauweise				x	49/9							x	49/11/13/9
Bedarf an Siedlungsfläche													
Wohnsiedlungsfläche				x	13/11/9							3)	
– Art des verfügbaren Wohnraums													
– Versorgung mit Wohnraum													
– Bebauungsdichte													
Industrie- und Gewerbefläche				x	13/11/71							2x	49/9/11/13
– Art der Nutzung													
– Einzelanlegenstandorte													
Freiflächen im Siedlungsbereich				x	13/11/35/9								
– Art der Flächen													
– Intensität der Nutzung							x		11			x	11/13/49/9
– Versorgung mit Freiflächen													
Einrichtungen der sozialen Infrastruktur				x	13/11/71								
Schulen													
– Art													
– Versorgung mit Schulen												2x 4)	11/49
Bibliotheken, kulturelle Einrichtungen				x	11/13/35							x	11/49
– Art													
– Versorgung mit ...													
Spiel- und Sportstätten													
– Art				x	13/15/ 35/71/9				x 2)				x	11/49
– Intensität der Nutzung													
– Versorgung mit ...										x 2)	11			
Kindergarten, Altersheime													2x	49
Kirchen				x	13/11/ 35/41								x	11/49
Gesundheitseinrichtungen													
– Art												x	
– Versorgung mit ...													
Sonstige												2x 5)	
Geschützte und schützenswerte Flächen und Objekte				3x 1)										
Sonstige bebaute Flächen												x	11/49/9
Sonderbauflächen													

Bauerwartungsland/ mögl. Baugebietsausweisung/Baulücke

1) besondere Freiflächen; besondere Werke, Bauwerke; geschützte Flächen und Objekte
2) Versorgung mit qualitativer Differenzierung der Einrichtungen
3) s. Nutzungsfestsetzung, Anm. 4), S.
4) Schulen, Universitäten
5) Verwaltungseinrichtungen, Einkaufszentren

- 55 -

		PO 1			PO 2			PO 3	
	p	s	Qu	p	s	Qu	p	s	Qu
nach 1436 **Siedlung**										
Nutzungsfestsetzungen										
nach Flächennutzungsplan										
- Flächen		x	49					⊗[4)]	49/11/ 13/9
- Einrichtungen		x	49						
nach Bebauungsplan										
- Flächen		x	49					o	49
- Einrichtungen		x	49					o	49
- Maß der baulichen Nutzung		x	49					⊗	49
Siedlung als Verursacher von Belastungen[1)]										
Luftverschmutzung										
- Art der Schadstoffe										
- Verursacher	x		61						
Siedlung als Betroffener von Belastungen										
Luftverschmutzung										
- Art der Schadstoffe										
- betroffene Einwohnerzahl						2x[2)]	61/72/ 73		
- Grenzwerte										
Lärm										
- zeitliche Differenzierung						2x[3)]	35/72/73		
- betroffene Einwohnerzahl										
- Grenzwerte										

1) ohne Verkehr, Abwasser- und Abfallbeseitigung
2) SO_2, Staub
3) Tag-, Nachtlärm
4) Gliederung in Kerngebiet, Mischgebiet, Dorfgebiet etc.

- 56 -

1437 Verkehr

	PO 1			PO 2			PO 3		
	p	s	Qu	p	s	Qu	p	s	Qu
Verkehrsfläche (gesamt)									
Verkehrstrassen									
Lage der Trassen (Einschnitt, Damm)									
Straßenverkehr									
Art der Straßen									
- BAB/andere		x	13/11/42					x	11/13
- weitere Differenzierung									
- Wege									
Verkehrsdichte									
- Fahrzeugarten									
- zeitliche Differenzierung									
Versorgung mit Verkehrseinrichtungen					x	11			
- Auslastung der Straßen									
- BAB-Anbindung									
- Buslinien		x	13/11/47						
- Haltestellen		x	13/11/47					x 1)	11/13/9
- Parkplätze		x	13/11/71					x	11/13/9
Schienenverkehr		x	13/11/47					x	11/13/9
Art und Größe der Bahnlinie									
Verkehrsdichte									
Bahnhöfe		x	13/11/47						
Luftverkehr		x	13/11/47						
Flugplatz								x	11/13
- Art									
Verkehrsdichte									
Wasserverkehr		x	13/11/47						
Hafen									
- Art									
Kanal									
Verkehr als Verursacher von Belastungen									
Luftverschmutzung									
- Art der Schadstoffe		x	61						
- Verursacher									
- Straßenverkehr									
- Schienenverkehr									
- Luftverkehr									
- Wasserverkehr									
Lärm									
- Verursacher									
- Straßenverkehr									
- Schienenverkehr									
- Luftverkehr									
Flächenzerschneidung									

1) nur Busbahnhof

- 57 -

	PO 1			PO 2			PO 3		
	p	s	Qu	p	s	Qu	p	s	Qu
1438 Ver- und Entsorgung									
Ver- und Entsorgungseinrichtungen[1)								4x[2)	11/13 '9
Abfallbeseitigung									
Anfallende Müllmenge									
- Art des Mülls									
Müllabfuhr									
Deponien									
- Art und Ordnungsgrad	x		9/11/13						
- Art des Mülls									
- Stand der Rekultivierung									
- Art der Rekultivierung									
Versorgung mit geordneter Abfallbeseitigung									
Abfallbeseitigung als Verursacher von Belastungen									
- gefährdete Flächen									
Abwasserbeseitigung									
Anfallende Abwassermenge/Fracht									
- Art des Abwassers									
Abwasserleitung		x	35/11/13					x[3)	42
Art der Kanalisation/Niederschlagswasserbehandlung									
Kläranlagen									
- Art der Anlage									
- Reinigungsleistung/Wirkungsgrad									
- Versorgung mit Kläranlagen/angeschlossene Gebiete									
Abwasserbeseitigung als Verursacher von Belastungen									
Einleitungsstellen (allgemein)									
- Schmutzwasser	x		61/63/71						
- Kühlwasser									
- Einleitwerte der Einzugsgebiete									
Einleitungen aus Kläranlagen									
Einleitungen aus Industrieanlagen									
- Schmutzwasser	x		61/63/71						
- Kühlwasser	x		61/63/71						
Energieversorgung/Leitungsnetz									
Oberirdische Leitungen									
- Art, Größe	x		35/11/13						
- Umspannwerk									
Unterirdische Leitungen									
- Art	x		35/11/13						
Leitungen als Verursacher von Belastungen									

1) ohne Wassergewinnung, soziale Infrastruktur
2) Elektrizität, Gas, Abwasser, Müll als Flächennutzung
3) "Kanaleinzugsbereich"

		PO 1				PO 2				PO 3			
		p	s	a	Qu	p	s	a	Qu	p	s	a	Qu
1439	**Militär**												
	Truppenübungsplatz (überwiegend Freifläche)		x		11/13/9						x		11/13
	Kasernenbereich (überwiegend bebaute Fläche)										x		11/13
	Militärische Nutzung als Verursacher von Belastungen												
144	**Sonstige Nutzungen/ungenutzte Flächen/ nutzungsübergreifende Angaben**												
	Ödland	x			11/13/9					x[1]			11/13/9
	Brachflächen	x			62/13/9								
	Ausgewiesene Regenerationsflächen												
	Verfügbarkeit von Flächen												
	Inhalt überregionaler Entwicklungspläne (ohne Differenzierung Bestand-Planung)	x			32								
	Naturräumliche Gliederung												
	Ökologische Raumgliederung												
	Landschaftsbild												
	Freizuhaltende offene Flächen												
	Luftbild												

[1] Ödland + Brache

8.2.1.1 Datenquellenübersicht für den Ortsplanungsbereich (PO)

PO 1

11 Topographische Karten

  .1 Maßstab: 1 : 25 000
Datengruppen: Gewässer, landwirtschaftliche Nutzung, Wald, Abbau, Aufschüttung, Ödland, Truppenübungsplatz, Grünanlagen, Leitungen, Verkehr, kulturelle Einrichtungen

  .2 Maßstab: 1 : 5 000
Datengruppen: Gewässer, Abbau, Aufschüttungen, Grünanlagen, Höhen, kulturelle Einrichtungen, Erholungseinrichtungen, Siedlung, Leitungen, Verkehr

  .3 Maßstab: 1 : 20 000 (Stadtplan)
Datengruppen: Grünanlagen, kulturelle Einrichtungen, Erholungseinrichtungen, Verkehr

  .4 Maßstab: 1 : 500
Datengruppen: Siedlung, Besitzverhältnisse

12 Arbeitsblätter zu topographischen Karten

  .1 Maßstab: 1 : 25 000
Datengruppen: Gewässer

  .2 Maßstab: 1 : 2 500
Datengruppen: Höhen, Exposition, morphologische Ausprägung

13 Luftbilder

  .1 Datengruppen: Landwirtschaftliche Flächen, Wald, Bewirtschaftungsintensität, Truppenübungsplatz, Abbau, Aufschüttungen, Ödland, Erholung, Siedlung, Leitungen

PO 1

15 Photos

.1 Datengruppen: Erholung

23 Geologische Karten

.1 Maßstab: 1 : 25 000
   Autoren: Fuchs, A.; Paeckelmann, W.
   Bezeichnung: Geologische Karte von Preußen, Blätter "Barmen" und "Elberfeld"
   Datengruppen: Gestein

24 Bodenkarten

.1 Maßstab: 1 : 25 000
   Bezeichnung: Bodenkarte von Nordrhein-Westfalen
   Datengruppen: Bodentyp

.2 Maßstab: 1 : 5 000
   Bezeichnung: Bodenkarte auf der Grundlage der Bodenschätzung
   Datengruppen: Bodentyp, Bodenart, Mächtigkeit, Skelett, Humus, Güte

27 Vegetationskarten

.1 Maßstab: 1 : 50 000
   Bezeichnung: Deutscher Planungsatlas, Band Nordrhein-Westfalen

.2 Maßstab: 1 : 25 000
   Bezeichnung: Feldkarten für vorgesehene flächendeckende Kartierung 1 : 200 000 (Blatt Wuppertal noch nicht bearbeitet)
   Herausgeber: Bundesanstalt für Vegetationskunde

32 Landesplanung

.1 Maßstab: 1 : 50 000
   Bezeichnung: Gebietsentwicklungsplan

PO 1

35 **Kommunalplanung**

.1 <u>Bezeichnung:</u> Flächennutzungsplan
<u>Datengruppen:</u> Schutzgebiete

49 **Siedlungsplanung**

.1 <u>Bezeichnung:</u> Bebauungspläne
<u>Datengruppen:</u> Wohngebiet, Gebäudegröße, Garten

.2 <u>Bezeichnung:</u> Flächennutzungspläne
<u>Datengruppen:</u> Wohngebiet, Wochenendhausgebiet, Wasserschongebiet

54 **Gewässerstatistik, Wasserwirtschaftsstatistik**

.1 <u>Bezeichnung:</u> Gewässergüteuntersuchungen der Landesanstalt für Wasser und Abfall Nordrhein-Westfalen, Krefeld
<u>Datengruppen:</u> Gewässergüte

61 **Unterlagen von Behörden**

.1 <u>Bezeichnung:</u> Unterlagen der Unteren Wasserbehörde Wuppertal
<u>Datengruppen:</u> Einleitungen, technische Anlagen

.2 <u>Bezeichnung:</u> Unterlagen der Landesanstalt für Immissions- und Bodennutzungsschutz des Landes Nordrhein-Westfalen und des Gewerbeaufsichtsamtes
<u>Datengruppen:</u> Emissionskataster, Basis 1 km^2, im Aufbau

8.2.1.2 Datenquellenübersicht für den Ortsplanungsbereich (PO)

PO 2

35 Kommunalplanung (s.a. Siedlungsplanung 49)

.1 Herausgeber: Stadt Dortmund
    Bezeichnung: Lärmkarte für das Stadtgebiet Dortmund 1963 und 1972

61 Unterlagen von Behörden

.1 Dienststelle: Landesanstalt für Immissions- und Bodennutzungsschutz des Landes Nordrhein-Westfalen, Essen
    Datengruppen: SO_2-Meßwerte seit 1963/64

73 Normen, Richtlinien, Gesetze

.1 TA-Luft: Technische Anleitung zur Reinhaltung der Luft vom 28.8.1974, GMBl

.2 TA-Lärm: 2.321 (zulässige Lärmbelastung in Wohnsiedlungen)

8.2.1.3 Datenquellenübersicht für den Ortsplanungsbereich (PO)

PO 3

11 Topographische Karten

   .1 1 : 5 000 als Aufnahmekarte

   .2 1 : 1 000 als Aufnahmekarte

   .3 Stadtplan von Saarbrücken

13 Luftbilder

   .1 Maßstab: 1 : 5 000
      Bezeichnung: Luftbilder von Saarbrücken (schwarz-
                   weiß) vom 7.5.1976

42 Wasserwirtschaftsplanung

   .1 Maßstab: 1 : 10 000
      Bezeichnung: Karten über die (Abwasser-)Kanalführung
                   von Saarbrücken

49 Siedlungsplanung

   .1 Katasterkarten mit Hausnummerneintragung von Saar-
      brücken

   .2 Karten der kleinräumigen Gliederung des Stadtgebietes
      von Saarbrücken (Baublöcke)

   .3 Bebauungspläne von Saarbrücken (geplante Nutzungen)

8.2.2 Gruppe 2: Regionalplanungsbereich (PR)
Aufschlüsselung der als Eingangsdaten verwendeten Kriterien (zu Ziffer 14 der Kennzeichnungsliste)

141	PR 1			PR 2			PR 3			PR 4			PR 5		
	p	s	Qu	p	s	Qu	p	s	Qu	p	s	Qu	p	s	Qu
Sozioökonomische Situation															
Bevölkerung, Einwohnerzahl								x	3)						x 5)
Bevölkerungsdichte						x 1,2) 52,9			52						
Bevölkerungsveränderungen															
- natürliche								x	52						
- Zu- und Abwanderung, Pendler								x	52						
Altersstruktur								x	52						
Ausbildungs-/Sozialstruktur								x	52						
Erwerbs-/Arbeitsplatzstruktur								x	52						
Einkommen												x 4)			
Wirtschaftsstruktur/Branchen								x	52						
Wirtschaftskraft/Bruttoinlandsprodukt															
Arbeitsmarkt								x	52						
Grundstücksverfügbarkeit															
Energiebilanz															
Nutzungsbezogene ökonomische Daten															
Deckungsbeiträge Landwirtschaft															
Deckungsbeiträge forstliche Bewirtschaftungsverfahren															
Besitzverhältnisse Wald												x 4)			
Wasseraufbereitungskosten für Trinkwassergewinnung aus Grundwasser															
Wasseraufbereitungskosten für Trinkwassergewinnung aus Oberflächenwasser															
Investitions- und Betriebskosten für Freibäder															
Kosten für Aufbereitung der Ressource															
Ökonomische Wertung der Ressource															
Gemeindegrenzen/Kreisgrenzen												x 4)			x 5)
Mittelbereiche															x 5)
Entwicklungsschwerpunkte, zentrale Orte															x 5)
Entwicklungsachsen, Nachbarschaftsverbände u.a.															x 5)
Raumstruktur (Verdichtungsraum/struktur-schwacher Raum)															x 5)

1) Solldaten
2) Aufenthaltsdichte
3) vermutlich alle in der amtlichen Statistik aufgeführten Kriterien
4) Quelle und Datenart nicht angegeben
5) Art und Quelle der Daten im einzelnen nicht genannt.
Bei PR 5 werden für PL 4 gespeicherte Daten mit benutzt.
Vorwiegend benutzte Quellen: 11, 2, 52

- 65 -

	PR 6				PR 7				PR 8				PR 9	
141	p	s	s	Qu	p	s	s	Qu	p	s	s	Qu	p	s	s	Qu

141 **Soziökonomische Situation**

Bevölkerung, Einwohnerzahl
Bevölkerungsdichte
Bevölkerungsveränderungen
 - natürliche
 - Zu- und Abwanderung, Pendler
Altersstruktur
Ausbildungs-/Sozialstruktur
Erwerbs-/Arbeitsplatzstruktur
Einkommen
Wirtschaftsstruktur/Branchen ————————————————————— x[7)]
Wirtschaftskraft/Bruttoinlandsprodukt ——————————————— x[7)]
Arbeitsmarkt ————————————— x[7)]
Grundstücksverfügbarkeit ———————— 5x ————— x
Energiebilanz
Nutzungsbezogene ökonomische Daten
Deckungsbeiträge forstliche Landwirtschaft ———— 55
Deckungsbeiträge forstliche Bewirtschaftungsverfahren ———— x[6)]
Besitzverhältnisse Wald
Wasseraufbereitungskosten für Trinkwassergewinnung
 aus Grundwasser ————————————————————————— x[6)]
Wasseraufbereitungskosten für Trinkwassergewinnung
 aus Oberflächenwasser ————————————————————————— x[6)]
Investitions- und Betriebskosten für Freibäder ————— x[6)]
Kosten für Aufbereitung der Ressource ——————————————————— x[7)]
Ökonomische Wertung der Ressource ——————————————— 4x[7)]
Gemeindegrenzen/Kreisgrenzen ————— 29 ——————————————————— x ————— 29
Mittelbereiche
Entwicklungsschwerpunkte, zentrale Orte
Entwicklungsachsen, Nachbarschaftsverbände u.a.
Raumstruktur (Verdichtungsraum/strukturschwacher Raum)

6) Art und Quelle der Daten im einzelnen nicht genannt. Es handelt sich um Daten, die für die Anwendung des Modells vorgeschlagen werden.

7) nur für Lagerstättenabbau

1421 Klima, Luft, Lärm

	PR 1			PR 2			PR 3			PR 4			PR 5	
	p s e	Qu		p s e	Qu		p s e	Qu		p s e	Qu		p s e	Qu

Klimatische Situation

Merkmal	PR 1 p/s/e	PR 1 Qu	PR 2 p/s/e	PR 2 Qu	PR 3 p/s/e	PR 3 Qu	PR 4 p/s/e	PR 4 Qu	PR 5
Temperatur	x	42/33	x[3]	53/21	(x)	21/71 /13	4x		
Niederschlag	x	42	x[3]	53/21			3x		
Wind			x[3]	53/21					
Strahlung			x[3]	53/21					
Verdunstung									
Luftfeuchte									
Lokalklima									
Bestandsklima									
Kaltluft/Warmluft									
Nebel			x[3]	53/21			x[4]		
Hagel									
Schnee									
Frost									x[4]
Schwüle									x[4]
Inversionen			x[3] x[3]	53/21 53/21	(x)	21	2x	x[4]	
Phänologische Situation			x[3]	53/21					
Vegetationsperiode									
Wuchsklima									
Bioklimatische Zone	2x[2]	21							
Ausbreitungsbedingungen			x[3]	53/21					
Netzdichte windwirksamer Strukturen									
Belastungen Gefährdungen Grenzwerte/ Restriktionen [1]									
Emissionen Schadstoffe (flächenbezogen) – einzelne Schadstoffe			x[3] /9		(x)	71/13			
– nach Wirkung gegliedert									
Abwärme									
Vorbelastung aus benachbarten Gebieten									
Immissionen Schadstoffe – einzelne Schadstoffe			x[3]	61/9					
– Immissionswirkung					(x)	71/13			
Immissionsgrenzwerte									
Emissionen Lärm (gesamt)									
Immissionen Lärm									
Grenzwerte									

1) hier nur Angaben ohne Nutzungsbezug
2) bioklimatische Zone + belasteter Verdichtungsraum
3) Solldaten
4) Quelle und Datenart nicht angegeben

	PR 6			PR 7			PR 8			PR 9		
	p	s	Qu	p	s	Qu	p	s	Qu	p	s	Qu
1421 Klima, Luft, Lärm												
Klimatische Situation					x[8]				9			
Temperatur								x	53/9			
Niederschlag				2x[5,6]				3x[7]	53/9			
Wind								x	53/9			
Strahlung								2x	53/9			
Verdunstung				x[5]				2x	53/9			
Luftfeuchte								x	53/9			
Lokalklima					x				53/9			
Bestandsklima					x				9			
Kaltluft/Warmluft					4x				9			
Nebel								x	9			
Hagel									53/9			
Schnee								x	53/9			
Frost												
Schwüle												
Inversionen								x	53/9			
Phänologische Situation												
Vegetationsperiode												
Wuchsklima												
Bioklimatische Zone												
Ausbreitungsbedingungen								x	9			
Netzdichte windwirksamer Strukturen								x	9			
Belastungen/Gefährdungen/Grenzwerte/Restriktionen 1)												
Emissionen Schadstoffe (flächenbezogen)												
- einzelne Schadstoffe								x	x/61			
									/62'9			
- nach Wirkung gegliedert								x	9/72			
Abwärme									x			
Vorbelastung aus benachbarten Gebieten												
Immissionen Schadstoffe												
- einzelne Schadstoffe								x	9/13			
- Immissionswirkung							2x[9]		72			
Immissionsgrenzwerte									9			
Emissionen Lärm (gesamt)												
Immissionen Lärm												
Grenzwerte												

5) Art und Quelle der Daten im einzelnen nicht genannt. Es handelt sich um Daten, die für die Anwendung des
6) Art, Intensität, Dauer, N-Gehalt des Winterniederschlags
7) Menge, Verteilung, Inhaltsstoffe
8) Größe und Verteilung klimawirksamer Flächen
9) Bioindikatoren, Rückstandsanalysen

- 68 -

	PR 1			PR 2			PR 3			PR 4			PR 5		
	p	s	Qu	p	s	Qu	p	s	Qu	p	s	Qu	p	s	Qu

1422 Relief, Gestein, Boden

	PR 1			PR 2			PR 3			PR 4			PR 5		
Reliefenergie															
- min. Höhe	x		11												
- max. Höhe	x		11												
Höhe über NN								x	35			x[3]			
Exposition												x[3]			
Inklination												x[3]			
Morph. Ausprägung															
Spezielle Landschaftsformen												x[3]			
- Terrassenlandschaften															
Formation/Gesteinsart		x	42			x[1]/23						2x[3]			
Lagerstätten, pot. Abbau		x	61/62 /23/33			x[1]/23						x[3]			
Aufschüttungsflächen															
Abgrabungsflächen															
Baugrundeignung															
Böden, allgemein									(x) 24						
Ausgangsmaterial der Bodenbildung															
Bodenentwicklung/Zustandsstufe															
Bodentyp	x		42			x[1]/11 /23/24 /32/43 /52						x[3]			
Bodenart						x[1]/11 /23/24 /32/43 /52						x[3]			
Bodengüte	x		24			x /24 /32/34 /35/43 /52						x[3]			
						x[1,2]									
Mächtigkeit/Gründigkeit												x[3]			
Bodenwärmehaushalt															
Bodenlufthaushalt															
Bodenwasserhaushalt	x		42		x				13/71			x[3]			
Nährstoffhaushalt															
Skelettanteil															
Gefügestabilität															
Humusgehalt															
Austauschkapazität															
pH-Wert															
Edaphon															
Gewässer-Sedimente															
Belastungen 'Gefährdungen/Grenzwerte'															
Restriktionen															
Schadstoffbelastung															
Erosionsgefährdung															
Bodenschutzgebiet															
Bodendenkmal												x[3]			

1) Solldaten   2) Grenzertragsboden   3) Quelle und Datenart nicht angegeben

	PR 6			PR 7			PR 8			PR 9		
	p	s	Qu	p	s	Qu	p	s	Qu	p	s	Qu
1422 Relief, Gestein, Boden												
Reliefenergie												
– min. Höhe								x	11/13			
– max. Höhe												
Höhe über NN		x	11									
Exposition								x	11/13			
Inklination		x	11					x	11/13			
Morph. Ausprägung								x	11/13			
Spezielle Landschaftsformen – Terrassenlandschaften								x	11/13			
Formation/Gesteinsart												
Lagerstätten, pot. Abbau									4x			
Aufschüttungsflächen											x	13
Abgrabungsflächen												
Baugrundeignung												
Böden, allgemein												
Ausgangsmaterial der Bodenbildung									5x			
Bodenentwicklung/Zustandsstufe									x			
Bodentyp					x	24			x			
Bodenart									x			
Bodengüte		x	24						2x			
Mächtigkeit/Gründigkeit									3x			
Bodenwärmehaushalt												
Bodenlufthaushalt									x			
Bodenwasserhaushalt				x		24/72			4x			
Nährstoffhaushalt									2x			
Skelettanteil									x			
Gefügestabilität												
Humusgehalt												
Austauschkapazität				x		24/72			2x			
pH-Wert									x			
Edaphon									x			
Gewässer-Sedimente				5x					9			
Belastungen/Gefährdungen/Grenzwerte/ Restriktionen												
Schadstoffbelastung												
Erosionsgefährdung				x					9			
Bodenschutzgebiet												
Bodendenkmal												

- 70 -

	PR 1		PR 2		PR 3		PR 4		PR 5	
	p s B Qu		p s B Qu		p s B Qu		p s B Qu		p s B Qu	

	PR 1 s	PR 1 Qu	PR 2 s	PR 2 Qu	PR 3 s	PR 3 Qu	PR 4 s	PR 4 Qu	PR 5 s	PR 5 Qu
1423 Wasser										
Oberflächengewässer										
Einzugsgebiete			x[1]	11/42	(x)	26		3x[6]		x[7]
Fließgewässer	x	11/42	x[1]	25	(x)	13	x	[6]		x[7]
– Größenklasse								[6]		x[7]
– Länge			5x[1,2]	42/64 /61			x	[6]		
– Abflußwerte			x[1]				x	[6]		x[7]
– Ausbaugrad			x[1]	9/42						
Stehende Gewässer										
– Größe	x	11	x		(x)	13	x	[6]		x[7]
– Ausbaugrad							x	[6]		
Belastungen/Gefährdungen/Grenzwerte/ Restriktionen										
Gewässergüte	x	42	11x[1,3]	42/61 25/64			x	[6]		x[7]
– Temperatur			x[1]	42/34 /61						
– Aufwärmspannen										
Selbstreinigungskraft										
Belastbarkeit										
– Schmutzwasser			2x[4]	42						
– Wärme			x[5]	42/61						
Grundwasser										
Flurabstand oberflächennahes Grundwasser			2x[2]	42/61			x	[6]		
– Ganglinien										
– hoher Stand										
– tiefer Stand										
Hörigkeit/Speichergestein										
Deckschicht		42								
Leitfähigkeit	x	42								
Belastungen/Grenzwerte/Gefährdungen/ Restriktionen								[6]		
Regenerationsfähigkeit, Neubildungsrate										
Empfindlichkeit								x		
Wasserqualität								[6]		

1) Solldaten
2) Wassermenge, -stand, Tideverhältn., hydraul. Modell, mathem. Modell
3) Gw-Stand. Modell
4) Radioaktivitäts- und Abwasserlassplan
5) Wärmelastplan
6) Quellen und Datenart nicht angegeben
7) Art und Quelle der Daten im einzelnen nicht genannt. Bei PR 5 werden für PL gespeicherte Daten mit benutzt. Vorwiegend benutzte Quellen: 11, 2, 52

1423 Wasser	PR 6 p	PR 6 s	PR 6 Qu	PR 7 p	PR 7 s	PR 7 Qu	PR 8 p	PR 8 s	PR 8 Qu	PR 9 p	PR 9 s	PR 9 Qu
Oberflächengewässer	x [8)]		11					x	11/13			
Einzugsgebiete		x	11/42		x			x	11/13			
Fließgewässer												
- Größenklasse	x		33									
- Länge									5x			
- Abflußwerte									54/9			
- Ausbaugrad					x				13			
Stehende Gewässer												
- Größe	2x [9)]	x	11/13		x	11					x	11/13
- Ausbaugrad			9/13		x				13			
Belastungen/Gefährdungen/Grenzwerte/												
Restriktionen												
Gewässergüte									5x/54 /9/42			
- Temperatur									x/54 /9/42			
- Aufwärmspannen												
Selbstreinigungskraft												
Belastbarkeit												
- Schmutzwasser												
- Wärme												
Grundwasser												
Flurabstand oberflächennahes Grundwasser					x	24		x	9/42			
- Ganglinien												
- hoher Stand												
- tiefer Stand												
Höffigkeit/Speichergestein												x
Deckschicht									4x			
Leitfähigkeit									2x			
Belastungen/Grenzwerte/Gefährdungen/												
Restriktionen												
Regenerationsfähigkeit, Neubildungsrate												
Empfindlichkeit												
Wasserqualität												x

8) % der Fläche
9) Säule - qualitativ
   - quantitativ

1424 Pflanzen- und Tierwelt

	PR 1			PR 2			PR 3			PR 4			PR 5		
	p	s	Qu	p	s	Qu	p	s	Qu	p	s	Qu	p	s	Qu
Ökosysteme															x [5]
– Entwicklung															
– Stoff-, Energiehaushalt															
– Arten-, Strukturdiversität															
– Naturnähe															
Vegetation															
Reale Vegetation [1]															
– einschl. strukturierender Elemente (z.B. Knicks)															x [5]
– Gesellschaften					x [2]	27/52									
– floristische Bestandsaufnahme					x [2]	46/64									
Potentielle natürliche Vegetation					x [2]	32/64						2x [3]			
Historische Vegetation															
Gewässervegetation															
Fauna															
– Gesellschaften					x [2] /32 /34/46 /61/64										
– faunistische Bestandsaufnahme					x [2] /9							4)			
Belastungen/Gefährdungen Grenzwerte/Restriktionen															
Fremdstoffe in frei lebenden Tieren					x [2] /9										
Langzeitwirkung von Fremdstoffen in Tieren															
Ansprüche von Organismen an Biotope (Milieu, Schadstoffe)															
Nutzungsschäden															
Gefährdung															
Ersetzbarkeit															

1) Wald, Acker, Grünland = Nutzungen
2) Solldaten
3) Quelle und Datenart nicht angegeben
4) 4 Haupteinheiten vorgesehen. Gliederung NN
5) Art und Quelle der Daten im einzelnen nicht genannt. Bei PR 5 werden für PL 4 gespeicherte Daten mit benutzt. Vorwiegend benutzte Quellen: 11, 2, 52

- 73 -

1424 Pflanzen- und Tierwelt

	PR 6			PR 7			PR 8			PR 9		
	p	s	Qu	p	s	Qu	p	s	Qu	p	s	Qu
Ökosysteme												
- Entwicklung								x	9/46			
- Stoff-, Energiehaushalt								10x	9/46			
- Arten-, Strukturdiversität								x	9/46			
- Naturnähe								x	9			
Vegetation												
Reale Vegetation 1)												
- einschl. strukturierender Elemente (z.B. Knick)	5x				x	11/24		6x	13/9			
- Gesellschaften			9/13					x	13/9			
- Floristische Bestandsaufnahme								x	46/72			
Potentielle natürliche Vegetation	x		9/13 /72/27					x	9			
Historische Vegetation								x	9/72			
Gewässervegetation								5x	9			
Fauna												
- Gesellschaften								x	9/72			
- Faunistische Bestandsaufnahme								x	9/72			
Belastungen/Gefährdungen/Grenzwerte/ Restriktionen								x	9/72			
Fremdstoffe in frei lebenden Tieren												
Langzeitwirkung von Fremdstoffen in Tieren												
Ansprüche von Organismen an Biotope (Milieu, Schadstoffe)								4x	9/72			
Nutzungsschäden												
Gefährdung												
Ersetzbarkeit												

1) Wald, Acker, Grünland - Nutzungen

- 74 -

	PR 1				PR 2				PR 3				PR 4				PR 5			
	p	s	a	Qu	p	s	a	Qu	p	s	a	Qu	p	s	a	Qu	p	s	a	Qu
143 Nutzungsbezogene Daten																				
1431 Wasserwirtschaft																				
Wassergewinnung																				
Schongebiete								$x^{1)}$ 25/42												
– Schutzgebiete	x			42/49												$x^{2)}$				$x^{3)}$
– Einzugsgebiete																				$x^{3)}$
Speicherseen	o			33												$x^{2)}$				
Förderungsanlagen (Grundwasser)																$x^{2)}$				
Förderungsanlagen (Oberflächenwasser)																$x^{2)}$				
Förderungsdichte																				
Wasserleitungen																$x^{2)}$				
Versorgungsbilanz																				
– Wasserbedarf																				
– Wasserverbrauch																				
– Wasserdargebot/Kapazität																				
– Eigenversorgungsgrad																				
Regulierung des Wasserhaushaltes																				
Hochwassergefährdete Gebiete/Überschwemmungsgebiete	x			n.e.												$x^{2)}$				$x^{3)}$
Hochwasserschutzanlagen																				
– Deiche	x			42																
– technische Anlagen																$x^{2)}$				
Entwässerungsbedürftige Gebiete	o			33																
Grundwasserenstaubereiche																				
Wasserwirtschaft als Verursacher von Belastungen																				
Wasserwirtschaft als Betroffener von Belastungen																				
Grenzwert Trinkwasserqualität.																				

1) Solldaten
2) Quelle und Datenart nicht angegeben

		PR 6			PR 7			PR 8			PR 9	
	p	s	Qu	p	s	Qu	p	s	Qu	p	s	Qu

143 **Nutzungsbezogene Daten**

1431 **Wasserwirtschaft**

Wassergewinnung

	p	s	Qu	p	s	Qu	p	s	Qu	p	s	Qu
Schongebiete		x										
– Schutzgebiete		x	33/35			(x)[4,5]						
– Einzugsgebiete			33/35			(x)[4]						
Speicherseen												
Förderungsanlagen (Grundwasser)	x		33/35	x		11						
Förderungsanlagen (Oberflächenwasser)						x						
Förderungsdichte												
Wasserleitungen												

Versorgungsbilanz
- Wasserbedarf
- Wasserverbrauch
- Wasserdargebot
- Eigenversorgungsgrad

Regulierung des Wasserhaushaltes

Hochwassergefährdete Gebiete / Überschwemmungsgebiete

Hochwasserschutzanlagen
- Deiche
- technische Anlagen

Entwässerungsbedürftige Gebiete

Grundwasseranstaubereiche

Wasserwirtschaft als Verursacher von Belastungen

Wasserwirtschaft als Betroffener von Belastungen

Grenzwert Trinkwasserqualität

---

4) Nur in Modelldatenliste genannt
5) (x) = ist vorgesehen zu erheben

1432 Land- und Forstwirtschaft, Fischerei

	PR 1			PR 2			PR 3			PR 4			PR 5		
	p	s	Qu	p	s	Qu	p	s	Qu	p	s	Qu	p	s	Qu
Landwirtschaftlich und gartenbaulich genutzte Fläche															
Nutzungsarten															
– Acker/Grünland/Sonderkulturen		x	11		x	2x¹⁾/32 /11/43 /52/46 /61		x	35						x⁴⁾
– weitere Differenzierung					x	x¹⁾ 43/52		(x)	a-13 p-13 /71			x³⁾			
Art und Intensität der Bewirtschaftung					x	4x¹⁾/43 /52/62 /63			13/71						
– Erträge						x¹⁾/9									
– Düngung						x¹⁾/9									
– Pflanzenschutz						x¹⁾									
Landwirtschaftliche Betriebsstruktur						43/52									
Stand der Flurbereinigung		x	43			a 43									
Landwirtschaftliche Vorranggebiete						x¹,²⁾ 43									
Forstwirtschaftlich genutzte Fläche/Wald		x	11		x	x¹⁾/11 /43/44			13			x³⁾			x⁵⁾
Waldarten						x¹⁾/11 /43/44									
– Nadel-/Laub-/Mischwald								x	a-35 a-13						x⁶⁾
– weitere Differenzierung/Holzart					x				13			3x³⁾			
Art und Intensität der Bewirtschaftung						x¹⁾ 43/52									x³⁾
– Bestandsdichte															
– Altersklassen															
– Art der Nutzung															
Schonwald (ausgewiesen)												x³⁾			x⁵⁾
Waldfunktionen (Differenzierung wie in Waldfunktionskarten)															
– Wald im Schutzgebiet u.a. Ersatzdaten						x¹⁾/43 /32/44						x³⁾			x⁵⁾
– Erholungswald (ausgewiesen)						x¹⁾/44									x⁵⁾
Fischereilich genutzte Flächen															
– Fischteiche	x		11												x⁵⁾
Agrarische Nutzung als Verursacher von Belastungen															
Agrarische Nutzung als Betroffener von Belastungen															
– durch Grundwasseränderung beeinträchtigte forstw. Nutzfläche															

1) Solldaten
2) landw. Ertragsfähigkeit als LVZ (landw. Vergleichszahl)
3) Quelle und Datenart nicht angegeben
4) nur Weinberge (bei Biotopkartierung erfaßt)
5) Art und Quelle der Daten im einzelnen nicht genannt. Bei PR 5 werden für PL 4 gespeicherte Daten mit benutzt. Vorwiegend benutzte Quellen: 11, 2, 52
6) "Ertragswälder"

- 77 -

	PR 6			PR 7			PR 8			PR 9		
	p	s	Qu	p	s	Qu	p	s	Qu	p	s	Qu
1432 Land- und Forstwirtschaft, Fischerei												
<u>Landwirtschaftlich und gartenbaulich genutzte Fläche</u>												
Nutzungsarten												
– Acker/Grünland/Sonderkulturen	x		13		x	n.s.		x	x 13 /43/9		2x	11/13
– weitere Differenzierung									x 13 /65/9		x 9)	11/13
Art und Intensität der Bewirtschaftung												
– Erträge					x	55			x 43 /43			
– Düngung					x	55			x 43			
– Pflanzenschutz						x			9			
Landwirtschaftliche Betriebsstruktur									x 9 /55/52			
Stand der Flurbereinigung												
<u>Landwirtschaftliche Vorranggebiete</u>		x	33									
Forstwirtschaftlich genutzte Fläche/Wald		x	13/11 /44		x			x	13		x	11/13
Waldarten												
– Nadel-/Laub-/Mischwald		x	44		x	(x)8) 11						
– weitere Differenzierung/Holzart						x 7) 44						
Art und Intensität der Bewirtschaftung						x 7) 44			x 9/44			
– Bestandsdichte						x 7) 44						
– Altersklassen						x 7) 44						
– Art der Nutzung												
Schonwald (ausgewiesen)												
Waldfunktionen (Differenzierung wie in Waldfunktionskarten)												
– Wald im Schutzgebiet u.a. Ersatzdaten								x	44			
– Erholungswald (ausgewiesen)												
<u>Fischereilich genutzte Flächen</u>												
– Fischteiche												
<u>Agrarische Nutzung als Verursacher von Belastungen</u>												
<u>Agrarische Nutzung als Betroffener von Belastungen</u>												
– durch Grundwasseränderung beeinträchtigte forstw. Nutzfläche												

7) Art und Quelle der Daten im einzelnen nicht genannt. Es handelt sich um Daten, die für die Anwendung des Modells vorgeschlagen werden.
8) nur in Modelldatenliste genannt
9) Obst, Gemüse, Rebland

1433 Erholung (landschaftsbezogene Erholung)

	PR 1				PR 2				PR 3				PR 4				PR 5			
	p	s	a	Qu	p	s	a	Qu	p	s	a	Qu	p	s	a	Qu	p	s	a	Qu

Natürliche Erholungseignung

- Differenzierung nach Nutzungsarten

Erholungsgebiete (ausgewiesen)
- Naherholung   PR1: x 33/45 /71/72   PR2: 2x[1,2) 11/32 /34/35 /44/45 /63
- Ferienerholung   PR1: x 33/45 /71/72

Erholungseinrichtungen
- Spiel-/Sport-/Freizeiteinrichtungen   PR1: x 33/45 /71/72   PR2: x[1,3) 11/32 /34/35
- Differenzierung nach Art der Einrichtungen   PR4: x[4)

- Campingplatz   PR2: x[1) /32 /34/35   PR4: x[4,5)
- Differenzierung nach Art des Platzes   PR4: x[5)
- Ferienhausgebiet   PR4: x[6)

Nutzungsintensität

Versorgung mit Erholungsgebiet
- Einwohner im Einzugsbereich
- Bedarf an Erholungsfläche
- Erreichbarkeit

Erholungsnutzung als Verursacher von Belastungen
- Trittbelastung   PR2: x[1) /9
- Lärmbelastung

Erholungsnutzung als Betroffener von Belastungen
Lärmbelastung im Außenbereich
Grenzwert Badewasserqualität

---

1) Solldaten
2) Wald- und Wasserrand; Gebiete mit Erholungswert
3) Sport-, Spielplatz, Badestelle, Wege
4) mit Parkanlagen u.a. unter "Erholung/Flächen"
5) unter "Wohnungs- und Siedlungsbau" aufgeführt
6) Art und Quelle der Daten im einzelnen nicht genannt.
   Bei PR 5 werden für PL 4 gespeicherte Daten mit benutzt.
   Vorwiegend benutzte Quellen: 11, 2, 52

- 79 -

	PR 6			PR 7			PR 8			PR 9		
	p	s	Qu	p	s	Qu	p	s	Qu	p	s	Qu

1433 **Erholung (landschaftsbezogene Erholung)**

Natürliche Erholungseignung
- Differenzierung nach Nutzungsarten

| | | | | | | (x)[9] | | | | | | |

Erholungsgebiete (ausgewiesen)
- Naherholung
- Ferienerholung

| | | x | 33 | | | | | | | | | |

Erholungseinrichtungen
- Spiel-/Freizeiteinrichtungen

| x[7] | | 9 | | x | 11 | | | | | | 11/13 |
| x | | 13/9 | | | | | | | | | |

- Differenzierung nach Art der Einrichtungen
- Campingplatz
- Differenzierung nach Art des Platzes
- Ferienhausgebiet

| | | | | | | | x | | | | 11/13 |
| | | | | | | | x | | | | 11/13 |

Nutzungsintensität

| | | x[10] | | | 9 | | | | | | |

Versorgung mit Erholungsgebiet
- Einwohner im Einzugsbereich
- Bedarf an Erholungsfläche
- Erreichbarkeit

Erholungsnutzung als Verursacher von Belastungen
- Trittbelastung
- Lärmbelastung

Erholungsnutzung als Betroffener von Belastungen

Lärmbelastung im Außenbereich

Grenzwert Badewasserqualität

| | | | | | x[8]/72 | | | | | | |

---

7) Wanderwege, Badestellen
8) Art und Quelle der Daten im einzelnen nicht genannt. Es handelt sich um Daten, die für die Anwendung des Modells vorgeschlagen werden.
9) nur in Modelldatenliste genannt
10) Lagerplatzkapazität von Uferzonen (Maß für Baden im Freien)
    Entwicklung eines EDV-Bewertungsverfahrens

- 80 -

1434 Naturschutz

	PR 1			PR 2			PR 3			PR 4			PR 5		
	P	s	Qu	p	s	Qu	p	s	Qu	p	s	Qu	p	s	Qu
Schutzgebiete																
- Naturschutzgebiete		x	33			x[1]44/46						x[2]				x[4]
- Landschaftsschutzgebiete		x	33/44									x[2]				x[4]
- Naturdenkmal			/63									x[2]				
- Naturpark		x	33									x[2]				x[4]
- Nationalpark																
- Naturwaldzelle/Wildschutzgebiet/ Waldschutzgebiet/Bannwald												2x[2]				
- Kombination von Schutzarten												x[2]				
Schützenswerte Flächen/"wertvolle Landschaftsteile"																
- schutzwürdige Biotope		x	46/84			x[1]/46/44										
- botanisch bedeutsame Räume																
- zoologisch bedeutsame Räume		2x	63									3)				
- ornithologisch bedeutsame Räume																

Naturschutz als Verursacher von Belastungen

Naturschutz als Betroffener von Belastungen

---

1) Solldaten
2) Quelle und Datenart nicht angegeben
3) Gliederung NN
4) Art und Quelle der Daten im einzelnen nicht genannt.
   Bei PR 5 werden für PL 4 gespeicherte Daten mit benutzt.
   Vorwiegend benutzte Quellen: 11, 2, 52

	PR 6			PR 7			PR 8			PR 9		
	P	B	Qu	P	B	Qu	P	B	Qu	P	B	Qu

1434 Naturschutz

Schutzgebiete

	PR 6			PR 7			PR 8			PR 9		
	P	B	Qu	P	B	Qu	P	B	Qu	P	B	Qu
- Naturschutzgebiet					x				46			
- Landschaftsschutzgebiet		x	46					⊗	46			
- Naturdenkmal								⊗	46			
- Naturpark		x	46									
- Nationalpark												
- Naturwaldzelle/Wildschutzgebiet/ Waldschutzgebiet/Bannwald												
- Kombination von Schutzarten	x		46	x		n.a.		x	46/9			

Schützenswerte Flächen/"wertvolle Landschaftsteile"
- schutzwürdige Biotope
- botanisch bedeutsame Räume
- zoologisch bedeutsame Räume
- ornithologisch bedeutsame Räume

	PR 6			PR 7			PR 8			PR 9		
								x	46			

Naturschutz als Verursacher von Belastungen

Naturschutz als Betroffener von Belastungen

1435 Abbau Sand/Steine/Erden

Abbauflächen

	PR 1			PR 2			PR 3			PR 4			PR 5		
	p	s	Qu	p	s	Qu	p	s	Qu	p	s	Qu	p	s	Qu
– Art des abgebauten Materials		x	62		x			(x)	13						
– Art des Abbaus												x [1]			
– Stand der Rekultivierung												x [1]			
– Art der Rekultivierung															
– Rekultivierungsbedingungen															

Abbau als Verursacher von Belastungen

- Menge und Art des Abraums
- Menge und Art der Abfallstoffe aus Aufbereitung und Veredlung
- Beeinflussung des Grundwassers
- Beeinflussung des Landschaftsbildes
- sonstige Wirkungen auf den Landschaftshaushalt

---

1) Quelle und Datenart nicht angegeben

- 82 -

- 83 -

	PR 6			PR 7			PR 8			PR 9		
	p	s	Qu	p	s	Qu	p	s	Qu	p	s	Qu
14/35 Abbau Sand/Steine/Erden												
Abbauflächen		x	11/13					x	13		x	11/13
- Art des abgebauten Materials						x²⁾						
- Art des Abbaus						n.s.						
- Stand der Rekultivierung									x/9			
- Art der Rekultivierung												
- Rekultivierungsbedingungen									x/9			
Abbau als Verursacher von Belastungen												
- Menge und Art des Abraums									x			
- Menge und Art der Abfallstoffe aus Aufbereitung und Veredlung									x			
- Beeinflussung des Grundwassers									x			
- Beeinflussung des Landschaftsbildes									x			
- sonstige Wirkungen auf den Landschaftshaushalt									3x			

2) Nur in Modelldatenliste genannt

1436

	PR 1				PR 2				PR 3				PR 4				PR 5			
	p	s	a	Qu	p	s	a	Qu	p	s	a	Qu	p	s	a	Qu	p	s	a	Qu

Siedlung

	PR 1				PR 2				PR 3				PR 4				PR 5			
Siedlungsfläche (gesamt)		ⓧ[1],o		33/11 /49			x					13/71								x[4]
Siedlungsdichte (Einw./Siedlungsfläche) Bebauungsdichte																				
Geschoßzahl/Bauweise							x					13				x[2]				
Bedarf an Siedlungsfläche																				
Wohnsiedlungsfläche											x	35								
- Art des verfügbaren Wohnraums																				
- Versorgung mit Wohnraum																				
- Bebauungsdichte																				
Industrie- und Gewerbefläche																x[2]				x[4]
- Art der Nutzung		x		n.e.												x[2]				
- Einzelanlagenstandorte																x[2]				
Freiflächen im Siedlungsbereich																x[2] 2x[5]				
- Art der Flächen											x	35								
- Intensität der Nutzung																				
- Versorgung mit Freiflächen																				
Einrichtungen der sozialen Infrastruktur																[3]				
Schulen																				
- Art																				
- Versorgung mit ...																				
Bibliotheken, kulturelle Einrichtungen																				
- Art																				
- Versorgung mit ...																				
Spiel- und Sportstätten							x					13				x[2]				
- Art																				
- Intensität der Nutzung																				
- Versorgung mit ...																				
Kindergarten, Altersheime																				
Kirchen																				
Gesundheitseinrichtungen																				
- Art																				
- Versorgung mit ...																				
Sonstige																				
Geschützte und schützenswerte Flächen und Objekte																x[2]				
Sonstige bebaute Flächen																				
Sonderbauflächen																x[2]				x[4]
Bauerwartungsland/mögl. Baugebietsausweisung/ Baulücke		x		49																

1) Siedlung in % der Fläche und als dominierende Nutzung
2) Quelle und Datenart nicht angegeben
3) "Infrastruktur", NN
4) Art und Quelle der Daten im einzelnen nicht genannt. Bei PR 5 werden für PL 4 gespeicherte Daten mit benutzt. Vorwiegend benutzte Quellen: 11, 2, 52
5) Innenbereich + Außenbereich

	PR 6			PR 7			PR 8			PR 9		
	p	s	Qu	p	s	Qu	p	s	Qu	p	s	Qu
1436 Siedlung												
Siedlungsfläche (gesamt)	x		11/13 /49		x			2x	13			
Siedlungsdichte (Einw./Siedlungsfläche)						11						11/13/9
Bebauungsdichte					(x)6)						x7)	
Geschoßzahl/Bauweise												
Bedarf an Siedlungsfläche												
Wohnsiedlungsfläche	x		13/49 /35								x	11/13/9
– Art des verfügbaren Wohnraums												
– Versorgung mit Wohnraum												
– Bebauungsdichte												
Industrie- und Gewerbefläche		x			x	11					x8)	11/13/9
– Art der Nutzung												
– Einzelanlagenstandorte												
Freiflächen im Siedlungsbereich											x9)	11/13/9
– Art der Flächen												
– Intensität der Nutzung												
– Versorgung mit Freiflächen												
Einrichtungen der sozialen Infrastruktur											x	11/13/9
Schulen												
– Art												
– Versorgung mit Schulen												
Bibliotheken, kulturelle Einrichtungen												
– Art												
– Versorgung mit ...												
Spiel- und Sportstätten												
– Art												
– Intensität der Nutzung												
– Versorgung mit ...												
Kindergarten, Altersheime												
Kirchen												
Gesundheitseinrichtungen												
– Art												
– Versorgung mit ...												
Sonstige												
Geschützte und schützenswerte Flächen und Objekte												
Sonstige bebaute Flächen												
Sonderbauflächen												
Bauerwartungsland/mögl. Baugebietsausweisung/											x	11/13/9
Baulücke											x	11/13/9

6) Nur in Modelldatenliste genannt
7) Dorfgebiet, Kerngebiet
8) Industrie-, Gewerbe-, Mischgebiet
9) Park, Friedhof, Sportplatz, Kleingärten

	PR 1			PR 2			PR 3			PR 4			PR 5		
	p	s	Qu	p	s	Qu	p	s	Qu	p	s	Qu	p	s	Qu
Nutzungsfestsetzungen															
nach Flächennutzungsplan															
– Flächen								x	35						
– Einrichtungen								x	35						
nach Bebauungsplan															
– Flächen					⊗[2]/35										
– Einrichtungen					13/81										
– Maß der baulichen Nutzung															
Siedlung als Verursacher von Belastungen [1]															
Luftverschmutzung															
– Art der Schadstoffe					$2x^{2,3)}$										
– Verursacher					61/32										
					/52										
Siedlung als Betroffener von Belastungen															
Luftverschmutzung															
– Art der Schadstoffe															
– betroffene Einwohnerzahl															
– Grenzwerte															
Lärm															
– zeitliche Differenzierung															
– betroffene Einwohnerzahl															
– Grenzwerte															

1) ohne Verkehr, Abwasser- und Abfallbeseitigung
2) Solldaten
3) genehmigungsbedürftige Anlagen, genehmigungsfreie Anlagen

	PR 6				PR 7				PR 8				PR 9			
	p	s	a	Qu	p	s	a	Qu	p	s	a	Qu	p	s	a	Qu
Nutzungsfestsetzungen																
nach Flächennutzungsplan																
- Flächen		x		35												
- Einrichtungen																
nach Bebauungsplan																
- Flächen																
- Einrichtungen																
- Maß der baulichen Nutzung																
Siedlung als Verursacher von Belastungen[1]																
Luftverschmutzung																
- Art der Schadstoffe																
- Verursacher																
Siedlung als Betroffener von Belastungen																
Luftverschmutzung																
- Art der Schadstoffe																
- betroffene Einwohnerzahl																
- Grenzwerte																
Lärm																
- zeitliche Differenzierung																
- betroffene Einwohnerzahl																
- Grenzwerte																

- 88 -

1437 Verkehr

	PR 1			PR 2			PR 3			PR 4			PR 5		
	p	s	Qu	p	s	Qu	p	s	Qu	p	s	Qu	p	s	Qu

	PR 1 p	PR 1 s	PR 1 Qu	PR 2 p	PR 2 s	PR 2 Qu	PR 3 p	PR 3 s	PR 3 Qu	PR 4 p	PR 4 s	PR 4 Qu	PR 5 p	PR 5 s	PR 5 Qu
Verkehrsfläche (gesamt)															
Verkehrstrassen	⊗	⊗	47												
Lage der Trassen (Einschnitt, Damm)															x[3]
Straßenverkehr						⊗[1]/47									
Art der Straßen															
- BAB/andere		3x,20						x	13		x[2]				
- weitere Differenzierung						47									x[3]
- Wege					x[1]	47/61									
Verkehrsdichte															
- Fahrzeugarten															
- zeitliche Differenzierung															
Versorgung mit Verkehrseinrichtungen															
- Auslastung der Straßen															
- BAB-Anbindung															
- Buslinien									x	35					
- Haltestellen								(x)	13						
- Parkplätze		x	47		x	⊗[1]/47		x	13		x[2]				
Schienenverkehr															
Art und Größe der Bahnlinie															
Verkehrsdichte															
Bahnhöfe		o	11												
Luftverkehr						⊗[1]/47					x[2]				
Flugplatz															
- Art															
Verkehrsdichte															
Wasserverkehr															
Hafen															
- Art															
Kanal		x	47												
Verkehr als Verursacher von Belastungen					x[1]/9 47/61										
Luftverschmutzung															
- Art der Schadstoffe															
- Verursacher															
- Straßenverkehr															
- Schienenverkehr															
- Luftverkehr															
- Wasserverkehr															
Lärm		x	47/73 /71												
- Verursacher															
- Straßenverkehr															x[2]
- Schienenverkehr															
- Luftverkehr		x	71												x[2]
Flächenzerschneidung															

1) Solldaten
2) Quelle und Datenart nicht angegeben
3) Art und Quelle im einzelnen nicht genannt. Bei PR 5 werden für PL 4 gespeicherte Daten mit benutzt. Vorwiegend benutzte Quellen: 11, 2, 52

- 89 -

	PR 6				PR 7				PR 8				PR 9			
	p	s	a	Qu	p	s	a	Qu	p	s	a	Qu	p	s	a	Qu

1437 Verkehr

Merkmal	PR6 p	PR6 s	PR6 a	PR6 Qu	PR7 p	PR7 s	PR7 a	PR7 Qu	PR8 p	PR8 s	PR8 a	PR8 Qu	PR9 p	PR9 s	PR9 a	PR9 Qu
Verkehrsfläche (gesamt)																
Verkehrstrassen																
Lage der Trassen (Einschnitt, Damm)	o			47							x	13				
Straßenverkehr							x	11			x				x	11/13
Art der Straßen																
– BAB/andere	o			47			x	11								
– weitere Differenzierung			x	11												
– Wege			x	11												
Verkehrsdichte																
– Fahrzeugarten																
– zeitliche Differenzierung																
Versorgung mit Verkehrseinrichtungen																
– Auslastung der Straßen																
– BAB-Anbindung																
– Buslinien																
– Haltestellen																
– Parkplätze																
Schienenverkehr			x				(x)[4]	11							x	11/13
Art und Größe der Bahnlinie																
Verkehrsdichte																
Bahnhöfe																
Luftverkehr							(x)[4]								x	11/13
Flugplatz							(x)[4]									
– Art																
Verkehrsdichte																
Wasserverkehr																
Hafen																
– Art																
Kanal																
Verkehr als Verursacher von Belastungen																
Luftverschmutzung																
– Art der Schadstoffe																
– Verursacher																
– Straßenverkehr																
– Schienenverkehr																
– Luftverkehr																
– Wasserverkehr																
Lärm																
– Verursacher		o		47												
– Straßenverkehr																
– Schienenverkehr																
– Luftverkehr																
Flächenzerschneidung																

4) Nur in Modelldatenliste genannt

- 90 -

1438 Ver- und Entsorgung

Ver- und Entsorgungseinrichtungen[1)]

	PR 1			PR 2			PR 3			PR 4			PR 5		
	p	s	Qu	p	s	Qu	p	s	Qu	p	s	Qu	p	s	Qu

Abfallbeseitigung

Anfallende Müllmenge
- Art des Mülls

Müllabfuhr

Deponien   ⊗   71/48   (x) 13

- Art und Ordnungsgrad $x^{2)}$/13 $x^{3)}$
   /32/61
- Art des Mülls $x^{2)}$/32
   /34/61

- Stand der Rekultivierung
- Art der Rekultivierung

Versorgung mit geordneter Abfallbeseitigung $x^{2)}$ $x^{3)}$
   32/61

Abfallbeseitigung als Verursacher von
 Belastungen
- gefährdete Flächen

Abwasserbeseitigung

Anfallende Abwassermenge/Fracht $x^{2)}$/34
   /42/61
- Art des Abwassers $12x^{2)}$/34
   /42/61

Abwasserleitung $x^{3)}$

Art der Kanalisation/Niederschlags-
wasserbehandlung

Klärenlagen $x^{2)}$/32 $x^{3)}$
   /49/61

- Art der Anlage
- Reinigungsleistung/Wirkungsgrad
- Versorgung mit Klärenlagen/angeschlossene
  Gebiete

Abwasserbeseitigung als Verursacher von
 Belastungen

Einleitungsstellen (allgemein) $x^{2)}$/9 $x^{3)}$

- Schmutzwasser $x^{2)}$/34
   /42/61/9
- Kühlwasser $x^{2)}$/34
   /42/61/9

- Einleitwerte der Einzugsgebiete

Einleitungen aus Klärenlage

Einleitungen aus Industrieanlagen
- Schmutzwasser
- Kühlwasser

Energieversorgung/Leitungsnetz

Oberirdische Leitungen $x^{3)}$
- Art. Größe $x^{3)}$
- Umspannwerk

	PR 1			PR 2			PR 3			PR 4			PR 5		
	p	s	Qu	p	s	Qu	p	s	Qu	p	s	Qu	p	s	Qu
Unterirdische Leitungen – Art															
Leitungen als Verursacher von Belastungen												x[3]			

1) ohne Wassergewinnung, soziale Infrastruktur

2) Solldaten

3) Quelle und Datenart nicht angegeben

1438 Ver- und Entsorgung

	PR 6				PR 7				PR 8				PR 9			
	p	s	Qu	p	s	Qu	p	s	Qu	p	s	Qu
Ver- und Entsorgungseinrichtungen [1]								x			13				2x[5]	11/13
Abfallbeseitigung																
Anfallende Müllmenge																
- Art des Mülls																
Müllabfuhr																
Deponien					x			11								
- Art und Ordnungsgrad																
- Art des Mülls																
- Stand der Rekultivierung																
- Art der Rekultivierung																
Versorgung mit geordneter Abfallbeseitigung																
Abfallbeseitigung als Verursacher von Belastungen																
- gefährdete Flächen																
Abwasserbeseitigung																
Anfallende Abwassermenge/Fracht																
- Art des Abwassers																
Abwasserleitung																
Art der Kanalisation/Niederschlagswasserbehandlung																
Kläranlagen					x											
- Art der Anlage [4]						(x)[4]										
- Reinigungsleistung/Wirkungsgrad																
- Versorgung mit Kläranlagen/angeschlossene Gebiete																
Abwasserbeseitigung als Verursacher von Belastungen																
Einleitungsstellen (allgemein)																
- Schmutzwasser																
- Kühlwasser																
- Einleitwerte der Einzugsgebiete																
Einleitungen aus Kläranlagen																
Einleitungen aus Industrieanlagen																
- Schmutzwasser																
- Kühlwasser																
Energieversorgung/Leitungsnetz																
Oberirdische Leitungen					x											
- Art, Größe																
- Umspannwerk																
Unterirdische Leitungen						(x)[4]										
- Art																
Leitungen als Verursacher von Belastungen																

4) Nur in Modelldatenliste genannt
5) Versorgungseinrichtungen, Entsorgungseinrichtungen

- 93 -

	PR 1			PR 2			PR 3			PR 4			PR 5		
	p	s	Qu	p	s	Qu	p	s	Qu	p	s	Qu	p	s	Qu

1439 Militär

	p	s	Qu	p	s	Qu	p	s	Qu	p	s	Qu	p	s	Qu
Truppenübungsplatz (überwiegend Freifläche)	x		71/72 /13/81												
Kasernenbereich (überwiegend bebaute Fläche)	x		71/72 /13/81												
Militärische Nutzung als Verursacher von Belastungen															

144 Sonstige Nutzungen/ungenutzte Flächen/ nutzungsübergreifende Angaben

	p	s	Qu	p	s	Qu	p	s	Qu	p	s	Qu	p	s	Qu
Ödland															
Brachflächen												x[2]			
Ausgewiesene Regenerationsflächen															
Verfügbarkeit von Flächen															
Inhalt überregionaler Entwicklungspläne (ohne Differenzierung Bestand-Planung)															
Naturräumliche Gliederung				x[1] 32/61								x[2]			x[4]
Ökologische Raumgliederung															
Landschaftsbild				x[1] 9								3)			
Freizuhaltende offene Flächen															
Luftbild															

1) Solldaten
2) Quelle und Datenart nicht angegeben
3) 3 Hauptgruppen vorgesehen, NN
4) Art und Quelle der Daten im einzelnen nicht genannt. Bei PR 5 werden für PL 4 gespeicherte Daten mit benutzt. Vorwiegend benutzte Quellen: 11, 2, 52

		PR 6			PR 7			PR 8			PR 9		
		p	s	Qu	p	s	Qu	p	s	Qu	p	s	Qu
1439	**Militär**												
	Truppenübungsplatz (überwiegend Freifläche)								x				11/13
	Kasernenbereich (überwiegend bebaute Fläche)								x				11/13
	Militärische Nutzung als Verursacher von Belastungen												
144	**Sonstige Nutzungen/ungenutzte Flächen/ nutzungsübergreifende Angaben**												
	Ödland						$(x)^{5)}$		x	13/43		$x^{6)}$	11/13
	Brachflächen	x		9/13 /11			n.a.		x	13/43			
	Ausgewiesene Regenerationsflächen												
	Verfügbarkeit von Flächen												
	Inhalt überregionaler Entwicklungspläne (ohne Differenzierung Bestand-Planung)					x							
	Naturräumliche Gliederung												
	Ökologische Raumgliederung								x				
	Landschaftsbild												
	Freizuhaltende offene Flächen												
	Luftbild												

5) nur in Modelldetenliste genannt
6) Ödland + Brachflächen

8.2.2.1 Datenquellenübersicht für den Regionalplanungsbereich (PR)

PR 1

11 Topographische Karten

   .1 Maßstab: 1 : 50 000
      Datengruppen: Relief, Hauptnutzung, Gewässer, landwirtschaftliche Nutzfläche, Sonderkulturen, Fischteiche, Wald

   .2 Maßstab: 1 : 200 000
      Datengruppen: Gewässer

21 Klimakarten

   .1 Maßstab: 1 : 1 500 000
      Bezeichnung: Die bioklimatischen Zonen in der Bundesrepublik Deutschland nach Becker/Wagner

23 Geologische Karten

   .1 Maßstab: 1 : 25 000
      Datengruppen: Lagerstätten

24 Bodenkarten

   .1 Maßstab: 1 : 100 000
      Bezeichnung: Bodengütekarte Bayern

33 Regional-/Verbandsplanung

   .1 Maßstab: 1 : 50 000
      Bezeichnung: Raumordnungskataster der Planungsregion 7 (Nürnberg/Fürth/Erlangen/Schwabach)

   .2 Bezeichnung: Regionalbericht der Planungsregion 7, 1975
      Datengruppen: Erholungseinrichtungen

   .3 Bezeichnung: Regionalbericht der Planungsregion 7, 1975, Karte 5 "Natürliche Vorkommen"
      Datengruppen: Lagerstätten

PR 1

33

.4 Bayerisches Staatsministerium für Landesentwicklung
und Umweltfragen, Planungsverband Industrieregion
Mittelfranken: Regionalbericht 1974, München (1975)
(Temperatur)

42 Wasserwirtschaftsplanung

.1 Bezeichnung: Wasserwirtschaftlicher Rahmenplan Regnitz des Bayerischen Staatsministeriums für Landesentwicklung und Umweltfragen
Datengruppen: Klima, Geologie, Boden, Gewässer, Hydrogeologie, Bodendurchlässigkeit, Gewässergüte

.2 Maßstab: 1 : 50 000
Bezeichnung: Bestandskarte der Wassergewinnungsanlagen und Wasserschutzgebiete des Bayerischen Landesamtes für Wasserwirtschaft

.3 Bezeichnung: Regionalbericht der Planungsregion 7 der Regierung von Mittelfranken, Sachgebiet 440: Regelung des Bodenwasserhaushalts
Datengruppen: Entwässerungsbedürftige Gebiete

.4 Bezeichnung: Oberste Baubehörde im Bayerischen Staatsministerium des Innern: "Grundwassererkundung in Bayern", München 1974
Datengruppen: Hydrogeologie

43 Agrarplanung

.1 Bezeichnung: Übersichtskarte der Flurbereinigungsdirektion Ansbach, 1975

44 Forstplanung

.1 Bezeichnung: Entwurf zum Waldfunktionsplan der Industrieregion Mittelfranken des Bayerischen Staatsministeriums für Ernährung, Landwirtschaft und Forsten
Datengruppen: u.a. geplante Landschaftsschutzgebiete

PR 1

45 Erholungs- und Fremdenverkehrs-Planung

.1 Bayerisches Staatsministerium für Wirtschaft und
Verkehr (Hrsg.): Programm Freizeit und Erholung,
München 1970

46 Naturschutzplanung

.1 Bayerisches Landesamt für Umweltschutz: Künne, H.:
Die Kartierung schutzwürdiger Biotope in Bayern,
in: Amtsblatt des Bayerischen Staatsministeriums
für Landesentwicklung und Umweltfragen, 5. Jg. (1975),
H. 3 (vgl. 46, PR 8)

47 Verkehrsplanung

.1 Maßstab: 1 : 100 000
Bezeichnung: Karte des Straßenbauamtes Nürnberg, 1975
Datengruppen: Trassen

.2 Maßstab: 1 : 500 000
Bezeichnung: Straßenübersichtskarte des Freistaates
Bayern, 1974
Datengruppen: Trassen

.3 Dokumentation B 2 (NEU), Stadt Nürnberg 1973 (Trassen)

.4 Bayerische Staatsregierung: Gesamtverkehrsplan 1975:
Verkehrsmengen auf Bundesfern- und Staatsstraßen,
Stand 1973, München 1975

.5 Bayerische Staatsregierung: Gesamtverkehrsplan 1975:
Streckenbelastung im Schienenverkehr, Stand: 1.1.1975

48 Wirtschaftsplanung, Ver- und Entsorgung

.1 Bayerisches Staatsministerium des Innern (Hrsg.):
Ministerialamtsblatt der Bayerischen inneren Verwaltung, 22. (89.) Jg., Nr. 3 vom 29.1.1970 (Ordnungsgrad: Deponien)

PR 1

49 Siedlungsplanung

.1 Maßstab: 1 : 25 000
Bezeichnung: Bauflächenerhebung der Region 7 (Nürnberg/Fürth/Erlangen/Schwabach) der Regierung von Mittelfranken, Bezirksplanungsstelle, Bauflächenerhebung 1975, Ansbach (unveröffentlichte Unterlagen)

61 Unterlagen von Behörden

.1 Bayerisches Geologisches Landesamt: Lagerstätten

62 Unterlagen von Berufsorganisationen/Kammern

.1 Maßstab: 1 : 500 000
Bezeichnung: Spezialkarte der Bayerischen Natursteinindustrie, herausgegeben vom Bayerischen Industrieverband Steine und Erden e.V., Ravenstein-Verlag, Frankfurt/Main

.2 Bayerischer Bauernverband: Flurbereinigung im Knoblauchland Nürnberg/Fürth

.3 Land- und Forstwirtschaftskammer: Erhebung 1965 (Frankfurt) und 1968 (Kassel) von landwirtschaftlich wertvollen Flächen, im Auftrage des Ministeriums für Landwirtschaft und Forsten

63 Unterlagen von Vereinen/Gesellschaften

.1 Ornithologische Arbeitsgemeinschaft Nordbayern

.2 Bund Naturschutz in Bayern e.V., Geschäftsstelle Stein b. Nürnberg, schriftliche Mitteilung

71 Gutachten, Sonderuntersuchungen

.1 Bürck, W.: Technisches Lärmgutachten über die Ausweitungen einer geplanten zweiten Start- und Landebahn auf dem Flughafen Nürnberg (o.O., o.J.)

PR 1

71

   .2 Gutachten zur Neuordnung der Abfallbeseitigung in der Planungsregion 7 und im Landkreis Pforchheim, München 1975, des Bayerischen Landesamtes für Umweltschutz

   .3 Bundesforschungsanstalt für Vegetationskunde und Landschaftsökologie: Ermittlung von aktuellen und potentiellen Erholungsgebieten in der Bundesrepublik Deutschland, Schriftenreihe für Landschaftspflege und Naturschutz, H. 1, Bonn-Bad Godesberg 1974

   .4 Bund Naturschutz Bayern e.V.: Gutachterliche Stellungnahme zu der Einrichtung eines amerikanischen Standortübungsplatzes bei Feucht, Stein b. Nürnberg 1975

72   <u>Wissenschaftliche Literatur</u>

   .1 Thormeyer, A.D.: Dissertation der TU München, 1975 (Militärgebiete)

   .2 Walz, K.-L.: Diplom-Arbeit, Landschaftsökologie, TU München 1975 (Militärgebiete)

   .3 Rabus, J.: Nürnberger wirtschafts- und sozialgeographische Arbeiten, Bd. 22, 1974 (Militärgebiete)

73   <u>Normen, Richtlinien, Gesetze</u>

   .1 Entwurf DIN 18005, Schallschutz im Städtebau, Teil 1, April 1976

81   <u>Auskünfte von Behörden</u>

   .1 Stadtplanungsamt Schwabach (Militärgebiete)

84   <u>Auskünfte von Universitäten</u>

   .1 Dr. Scholl, Zoologisches Institut der Universität Erlangen-Nürnberg (Biotopkartierung)

8.2.2.2 Datenquellenübersicht für den Regionalplanungsbereich (PR)

PR 2

11 **Topographische Karten**

  .1 Acker-Grünland

  .2 Forstwirtschaftlich genutzte Flächen

  .3 Waldarten

21 **Klimakarten**

  .1 Klimakarten in den Deutschen Planungsatlanten (Hamburg, Niedersachsen und Bremen, Schleswig-Holstein)

23 **Geologische Karten**

  .1 **Maßstab:** 1 : 25 000
     Datengruppen: Geologische Verhältnisse

  .2 **Maßstab:** 1 : 25 000
     Datengruppen: Baugrund

  .3 Geologisches Landesamt, Kiel (Bodentypen, Bodenarten)

24 **Bodenkarten**

  .1 **Maßstäbe:** 1 : 25 000, 1 : 10 000, 1 : 5 000
     Bezeichnung: Bodenkarten
     Datengruppen: Bodentypen, Bodenarten

25 **Gewässerkarten**

  .1 Gewässergütekarte für Niedersachsen, Niedersächsisches Wasseruntersuchungsamt, Hildesheim 1975

  .2 Gewässergütekarte für Schleswig-Holstein, Amt für Wasserhaushalt und Küsten, Kiel 1972

  .3 Wasserschutzgebiete Niedersachsen, Der Niedersächsische Minister für Ernährung, Landwirtschaft und Forsten, Hannover 1976

PR 2

25

.4 Waldfunktionskarte Niedersachsen, MELF, Hannover 1976 (Wasserwirtschaft, z.B. Einzugsgebiete)

.5 Wasserschongebietskarte Schleswig-Holstein, Landesamt für Wasserhaushalt und Küsten, Kiel 1974

.6 Trinkwasserschutzgebiete der Hamburger Wasserwerke GmbH, Hamburg 1973

27 <u>Vegetationskarten</u>

.1 Deutscher Planungsatlas, Bd. Niedersachsen/Bremen

.2 Vegetationskarten 1 : 5 000 der Landesstelle für Vegetationskunde, Kiel

32 <u>Landesplanung</u>

.1 Deutscher Planungsatlas, Bde. Niedersachsen/Bremen, Hamburg, Schleswig-Holstein

.2 Deutscher Planungsatlas, Bd. Niedersachsen/Bremen (Bodentypen, Bodenarten, Bodengüte)

.3 Deutscher Planungsatlas, Bd. Niedersachsen/Bremen (potentielle natürliche Vegetation)

.4 Niedersächsisches Landesverwaltungsamt, Hannover, Dezernat Binnenfischerei (faunistische Bestandsaufnahme)

.5 Ministerium für Ernährung, Landwirtschaft und Forsten, Kiel (Abfallbeseitigung, Art des Mülls, Kläranlagen)

.6 Niedersächsisches Landesverwaltungsamt, Hannover, Institut für Arbeitsmedizin, Immissions- und Strahlenschutz (Luftverschmutzung)

.7 Niedersächsisches Sozialministerium, Hannover (Luftverschmutzung)

PR 2

35 __Kommunalplanung__

.1 Flächennutzungspläne der Gemeinden (Siedlung nach Bebauungsplan)

.2 Magistrat Bremerhaven: Stadtplanungsamt (gepl. Freizeit- und Erholungseinrichtungen)

42 __Wasserwirtschaftsplanung__

.1 Wasser- und Schiffahrtsdirektion (Kiel, Hamburg, Aurich) mit Untersuchungsstelle für die Wassergüte in der Elbe

.2 Landesamt für Wasserhaushalt und Küsten, Kiel (hydrolog. Verhältnisse)

.3 Niedersächsisches Wasseruntersuchungsamt, Hildesheim (Gewässertemperatur, Abwasserbeseitigung, Gewässergüte)

.4 Landesamt für Wasserhaushalt und Küsten, Kiel (Gewässertemperatur, Gewässergüte, Abwasserbeseitigung)

.5 Wasserwirtschaftsamt, Bremen (Gewässergüte, Belastbarkeit, Schmutzwasser, Wärme)

.6 Behörde für Wirtschaft, Verkehr und Landwirtschaft, Hamburg: Strom- und Hafenbau (Abwasserbeseitigung)

43 __Agrarplanung__

.1 Agrarkarte des Landes Niedersachsen, 1975 (landwirtschaftliche Betriebsstruktur)

.2 Landwirtschaftliche Entwicklungsanalyse Schleswig-Holstein, 1976 (landwirtschaftliche Betriebsstruktur)

.3 Agrarstrukturelle Vorplanungen für das Süderelbegebiet - Hamburg (landwirtschaftliche Betriebsstruktur)

PR 2

43

.4 Agrarstrukturelle Vorplanungen für das Gebiet Vier- und Marschlande, Hamburg (landwirtschaftliche Betriebsstruktur)

.5 Waldfunktionskarte 1 : 50 000

.6 Agrarkarte des Landes Niedersachsen, MELF, Hannover 1975 (landwirtschaftliche Ertragsfähigkeit)

.7 Landwirtschaftliche Entwicklungsanalyse Schleswig-Holstein, Manuskript MELF, Kiel 1976 (Karte: landwirtschaftliche Ertragsfähigkeit)

44 Forstplanung

.1 Niedersächsisches Forstplanungsamt, Wolfenbüttel (Schutzgebiete, Forstplanungen), Waldfunktionskarte Niedersachsen

.2 Ministerium für Ernährung, Landwirtschaft und Forsten (Schutzgebiete, Forstplanungen)

45 Erholungs- und Fremdenverkehrsplanung

.1 Freizeit und Erholung in und um Hamburg, Senat der Freien und Hansestadt Hamburg, Staatliche Pressestelle in Zusammenarbeit mit dem Hamburger Verkehrsbund, 1972 (natürliche Erholungseignung)

.2 Freiflächenplan, Freie und Hansestadt Hamburg 1975 (natürliche Erholungseignung)

.3 Entwurf zum Landschaftsrahmenplan für das Elbegebiet Schleswig-Holstein (Heusch, Planungsgruppe Nord, Kiel) (natürliche Erholungseignung)

.4 Landschaft und Erholung - Wurster Küste, Gesellschaft für Landeskultur, Bremen 1973 (natürliche Erholungseignung)

PR 2

45

.5 Wälder, Seen und Landschaft - gesunder Lebensraum, Schriftenreihe der Landesregierung Schleswig-Holstein, 1975

.6 Waldfunktionskarte Niedersachsen, Der Niedersächsische MELF, Hannover 1976 (natürliche Erholungseignung)

.7 Kreisentwicklungsplan Pinneberg 1974 - 1978 (natürliche Erholungseignung)

.8 Kreisentwicklungsplan Dithmarschen 1974 - 1978 (natürliche Erholungseignung)

.9 Kreisentwicklungsplan Kreis Steinburg 1975 - 1978 (natürliche Erholungseignung)

.10 Regionales Raumordnungsprogramm für den Regierungsbezirk Stade, 1974 (natürliche Erholungseignung)

.11 Regionales Raumordnungsprogramm für den Regierungsbezirk Lüneburg, 1975 (natürliche Erholungseignung)

.12 Regionalplanung Planungsraum I, Schleswig-Holstein, 1973 (natürliche Erholungseignung)

.13 Wirtschaftsraum Brunsbüttel/Unterelbe, 1. Änderung für den Planungsraum IV, 1974 (natürliche Erholungseignung)

46 Naturschutzplanung

.1 Naturschutzbehörde Bremen (Flora)

.2 Naturschutzamt Hamburg (Flora, Fauna, Schutzgebiete)

.3 Landesstelle für Vegetationskunde, Kiel (Flora)

.4 Dezernat für Naturschutz, Landschaftspflege, Vogelschutz, Hannover (Flora, Schutzgebiete)

.5 Landesstelle für Vegetationskunde, Kiel (potentielle natürliche Vegetation)

PR 2

46

.6 Bundesanstalt für Naturschutz und Landschaftsökologie, Bonn-Bad Godesberg (potentielle natürliche Vegetation)

.7 Institut für Vogelforschung - Vogelwarte Helgoland, Wilhelmshaven (faunistische Bestandsaufnahme)

.8 Staatliche Vogelschutzwarte, Hamburg (Fauna)

.9 Landesamt für Naturschutz und Landschaftspflege, Kiel (Schutzgebiete)

.10 Senator für Inneres: Naturschutzbehörde (Schutzgebiete)

.11 Karte der Natur- und Landschaftsschutzgebiete des Landes Schleswig-Holstein, MELF, Kiel

.12 Übersichtskarte der Natur- und Denkmalschutzobjekte in Hamburg

.13 Ökologisch und naturwissenschaftlich wertvolle Gebiete Niedersachsens, Gutachten des Instituts für Landschaftspflege und Naturschutz der TU Hannover, i.A. des Niedersächsischen Ministers des Innern, Hannover 1975

.14 Übersichtskarte der Naturdenkmäler, Naturschutzgebiete, Landschaftsschutzgebiete und Naturparke, Der Niedersächsische Minister des Innern, Hannover 1972

.15 Verzeichnis der nach Abschnitt IV des Landschaftspflegegesetzes geschützten Gebiete und Gegenstände sowie Landschaftspflegegebiete, Amtsblatt für Schleswig-Holstein Nr. 26a, Kiel 1976

47 Verkehrsplanung

.1 Senator für Häfen, Schiffahrt und Verkehr, Bremen (Verkehrsdichte)

.2 Niedersächsisches Ministerium für Wirtschaft und Verkehr (Verkehrsdichte)

.3 Landesamt für Straßenbau und Straßenverkehr (Verkehrsdichte)

PR 2

47

.4 Bundesanstalt für Verkehr, Köln, Verkehrsmengendaten, z.T. auf Datenträgern gespeichert (Verkehrsdichte, Verkehr als Verursacher von Belastungen)

49 Siedlungsplanung

.1 Senator für das Bauwesen, Bremen (Kläranlagen)

52 Amtliche Statistik

.1 Finanzamt Hamburg-Dammtor: Bodenschätzungs- und Katasterstelle (Bodentypen, -arten, -güte)

.2 Katasterämter (Bodengüte)

53 Klimastatistik

.1 Deutscher Wetterdienst, Offenbach, und Seewetteramt, Hamburg

61 Unterlagen von Behörden

.1 Niedersächsisches Landesverwaltungsamt, Hannover, Abt. Landesvermessung: naturräumliche Gliederung

.2 Baubehörde Hamburg: Vermessungsamt, naturräumliche Gliederung

.3 Landesvermessungsamt Kiel: naturräumliche Gliederung

.4 Bundesanstalt für Wasserbau, Hamburg-Rissen (Hydraulisches Modell Elbe)

.5 Baubehörde Hamburg (Hydrologie Elbe)

.6 Ministerium für Ernährung, Landwirtschaft und Forsten, Hannover (Hydrologie Elbe)

.7 Überseemuseum Bremen (Fauna)

.8 Senator für Arbeit, Bremen (Immissionen, Luft/Lärm)

PR 2

61

.9 Hygienisches Institut Hamburg (Immissionen, Luft/ Lärm, Luftverschmutzung)

.10 Niedersächsisches Landesverwaltungsamt, Hannover, Dezernat Inst. für Arbeitsmedizin, Immissionen- und Strahlenschutz (Immissionen, Luft/Lärm)

.11 Regierungspräsidenten: Hannover, Lüneburg, Stade (Immissionen, Luft/Lärm, Luftverschmutzung)

.12 Niedersächsisches Ministerium des Innern, Hannover (Immissionen, Luft/Lärm)

.13 Sozialministerium, Kiel (Immissionen, Luft/Lärm)

.14 Gewerbeaufsichtsamt, Itzehoe (Immissionen, Luft/Lärm)

.15 Hansestadt Bremisches Amt, Bremerhaven (Gewässertemperatur)

.16 Gesundheitsbehörde Hamburg, Hygienisches Institut (Gewässertemperatur)

.17 Behörde für Wirtschaft, Verkehr und Landwirtschaft, Hamburg: Strom- und Hafenbau (Gewässertemperatur, Gewässergüte)

.18 Wasser- und Schiffahrtsdirektion Nord, Kiel, Außenstelle Hamburg, Untersuchungsstelle für die Wassergüte in der Elbe (Gewässergüte, Belastbarkeit - Wärme)

.19 Senator für Wirtschaft und Außenhandel, Bremen (faunistische Bestandsaufnahme)

.20 Staatliches Fischereiamt, Bremerhaven (Fauna)

.21 Baubehörde Hamburg: Amt für Ingenieurwesen I (Verkehrsdichte)

.22 Senator für Arbeit, Bremen (Müll, Abfallbeseitigung)

.23 Baubehörde Hamburg: Amt für Ingenieurwesen III (Müll, Abfallbeseitigung)

PR 2

61

  .24 Regierungspräsidenten: Hannover, Lüneburg, Stade (Müll, Kläranlagen)

  .25 Hansestadt Bremisches Amt, Bremerhaven (Abwasserbeseitigung)

  .26 Gesundheitsbehörde Hamburg, Hygienisches Institut (Abwasserbeseitigung)

  .27 Gewerbeaufsichtsamt, Bremerhaven (Luftverschmutzung)

  .28 Arbeits- und Sozialbehörde, Hamburg (Luftverschmutzung)

  .29 Baubehörde Hamburg: Bauordnungsamt (Luftverschmutzung)

  .30 Sozialministerium, Kiel (Luftverschmutzung)

  .31 Gewerbeaufsichtsamt, Itzehoe (Luftverschmutzung)

  .32 Staatliche Gewerbeaufsichtsämter: Lüneburg, Cuxhaven (Luftverschmutzung)

  .33 "Abwasser", Broschüre der Baubehörde, Hamburg 1975 (Gewässergüte)

  .34 Baubehörde Hamburg: Garten- und Friedhofsamt (geplante Erholungs- und Freizeiteinrichtungen)

  .35 Baubehörde Hamburg: Verkehrserhebungen auf EDV-Trägern (Verkehrsdichte, Verkehr als Verursacher von Belastungen)

62 <u>Unterlagen von Berufsorganisationen/Kammern</u>

  .1 Landwirtschaftlicher Buchführungsverband Schleswig-Holstein, Kiel (Art und Intensität der Bewirtschaftung)

63 <u>Unterlagen von Vereinen/Gesellschaften</u>

  .1 Chemie-Revisions- und Beratungsgesellschaft, Fürth/Bay. (Art und Intensität der Bewirtschaftung)

  .2 Planungsgruppe Nord, Kiel (Wald- und Gewässerrand)

  .3 Verband der Deutschen Gas- und Wasserwerke, Frankfurt/Main (geplante Freizeit- und Erholungseinrichtungen)

PR 2

64 **Unterlagen von Universitäten**

.1 Institut für Meereskunde, Universität Hamburg (Math. Modell Elbe)

.2 TU Hannover: Franzius-Institut (Hydraul. Modell Elbe)

.3 Institut für Landschaftspflege und Naturschutz, TU Hannover

.4 Institut für Meeresforschung, Bremerhaven (Gewässergüte, Fauna)

.5 Universität Hamburg: Institut für Hydrobiologie (Gewässergüte)

.6 Forschungsstelle für Insel- und Küstenschutz, Norderney (Gewässergüte)

.7 Universität Kiel: Institut für Meereskunde, Institut für Pflanzenernährung und Bodenkunde (Gewässergüte)

.8 Universität Hamburg (Fauna)

.9 TU Hannover: Institut für Landschaftspflege und Naturschutz (Fauna, schutzwürdige Biotope)

8.2.2.3 Datenquellenübersicht für den Regionalplanungsbereich (PR)

PR 3

13 <u>Luftbilder</u>

.1 Vgl. 71

.2 Automatisierte Anbaukartierungen Sulzbach und Melbach; Scannerdaten, Auswertung mit DIBIAS (Nutzungsarten Landwirtschaft, Bodenwasserhaushalt, Art und Intensität der Bewirtschaftung in der Landwirtschaft, Siedlung)

.3 Auswertung multispektraler Scanneraufnahmen, 11-Kanal-Scanner (Bendix M^2S) der Deutschen Forschungs- und Versuchsanstalt für Luft- und Raumfahrt. Ort: Neu-Isenburg.
Auswertungssystem M-DAS (stehende Gewässer, Wald, Abbau, Siedlung, Sportflächen, BAB)
Auswertungssystem DIBIAS (Grünland, Wald, Siedlung, Sportflächen, BAB)

.4 Auswertung multispektraler Scanneraufnahmen, 4-Kanal-Scanner (NASA MSS) vom LANDSAT-Satellit. Ort: Rumpenheim.
Auswertungssystem DIBIAS (Landwirtschaftliche Nutzungsarten; Anwendung im Außenbereich geplant für: stehende und fließende Gewässer, landwirtschaftliche Nutzungsarten, Wald, Abbau, BAB, Parkplätze, Schienenverkehr, Deponien)

35 <u>Kommunalplanung</u>

.1 <u>Maßstab:</u> 1 : 10 000
<u>Bezeichnung:</u> Realnutzung Neu-Isenburg
<u>Datengruppen:</u> Höhe über NN, landwirtschaftlich genutzte Fläche, Wald, Wohnsiedlung, Freiflächen, Haltestellen

35

  .2 Maßstab: 1 : 10 000
    Bezeichnung: Flächennutzungsplan Neu-Isenburg, mit
               Änderung zum Flächennutzungsplan
    Datengruppen: Nutzungsfestsetzungen, Flächen, Einrichtungen

  .3 Maßstab: 1 : 5 000
    Bezeichnung: Flächennutzungsplan Kelkheim
    Datengruppen: Nutzungsfestsetzungen, Flächen, Einrichtungen

52 Amtliche Statistik

  .1 Bezeichnung: Volks- und Arbeitsstättenzählung
    Datengruppen: Erhebungsdaten für Haus und Adresse

71 Gutachten, Sonderuntersuchungen

  .1 Bezeichnung: Regionale Planungsgemeinschaft Untermain:
               lufthygienisch-meteorologische Modelluntersuchung, 1. - 5. Arbeitsbericht, Frankfurt, 1970 - 1974
    Datengruppen: Klimatische Situation, Emissionskataster, Wirkung auf Bioindikatoren; Methoden der Fernerkundung

  .2 Maßstab: 1 : 10 000
    Bezeichnung: Landwirtschaftliche Nutzungs- und Bodenkartierung Sulzbach der Regionalen Planungsgemeinschaft Untermain in Zusammenarbeit mit dem Arbeitsbereich Pflanzenschutz und Mineraldünger der Firma BASF (= Testflächen für Luftbildinterpretation, vgl. 13.2)

8.2.2.4 Datenquellenübersicht für den Regionalplanungsbereich (PR)

PR 6

11 Topographische Karten

.1 Maßstab: 1 : 5 000
Datengruppen: Straßen, Wege, Brache, Höhen, Gewässer

.2 Maßstab: 1 : 25 000
Datengruppen: Wassereinzugsgebiete

13 Luftbilder

.1 Maßstab: 1 : 5 000
Datengruppen: Landwirtschaftliche Nutzfläche, Wald, Brache, Gewässer, Vegetation

.2 Maßstab: 1 : 24 000
Datengruppen: Wald, Vegetation

24 Bodenkarten

.1 Maßstab: 1 : 2 000
Bezeichnung: Amtliche Katasterblätter
Datengruppen: Acker- und Grünlandzahlen

27 Vegetationskarten

.1 Maßstab: 1 : 200 000
Bezeichnung: Trautmann, W.: Karte der potentiellen natürlichen Vegetation der Bundesrepublik Deutschland, einschließlich Erläuterung, Bl. 85, Minden 1966, BFANL

.2 Meisel, K., 1977: Kartierung der potentiellen natürlichen Vegetation im Raum Rendsburg-Kiel, unveröffentlichtes Manuskript der BFANL, Bonn

PR 6

33 Regional-/Verbandsplanung

.1 Regionalplan für den Planungsraum III, Schleswig-Holstein

.2 Regionalplan Kieler Umland (ausgewiesene Erholungsgebiete, Wasserschongebiete)

.3 Karten der Wasser- und Bodenverbände Schleswig-Holsteins (Gewässer)

35 Kommunalplanung

.1 Flächennutzungsplan (Wasserschutz- und -schongebiete)

42 Wasserwirtschaftsplanung

.1 Maßstab: 1 : 50 000
Bezeichnung: Orohydrographische Karte Schleswig-Holsteins

44 Forstplanung

.1 Bezeichnung: Forsteinrichtungswerk (Karte)
Datengruppen: Holzart, Alter, Grundwassereinfluß

47 Verkehrsplanung

.1 Maßstab: 1 : 5 000
Bezeichnung: Karte der Voruntersuchungen und Untersuchungen über die B 202 durch das Autobahnamt Rendsburg
Datengruppen: Straßen, Wege, Nebelgefährdung

.2 Maßstab: 1 : 5 000
Bezeichnung: Gradientenuntersuchung (B 202) des Autobahnamtes Neumünster

.3 Bezeichnung: Lärmausbreitungskarte (B 202) des Autoamtes Neumünster
Datengruppen: Lärmuntersuchung

PR 6

49 Siedlungsplanung

.1 <u>Bezeichnung:</u> Bebauungspläne
<u>Datengruppen:</u> Wohngebiete, Gebäudegrößen, Gärten

.2 <u>Bezeichnung:</u> Flächennutzungspläne
<u>Datengruppen:</u> Wohngebiete, Wochenendhausgebiete, Wasserschongebiete

51 Fachübergreifende Datenbanken

.1 Landschaftsdatenbank (LDB), Datei B 202

72 Wissenschaftliche Literatur

.1 Trautmann, W.: Erläuterungen zur Karte der potentiellen natürlichen Vegetation in der Bundesrepublik Deutschland, 1 : 200 000, Bl. 85, Minden, 1966, BFANL

.2 Meisel, K., 1977: Kartierung der potentiellen natürlichen Vegetation im Raume Rendsburg-Kiel, unveröffentlichtes Manuskript der BFANL

73 Normen, Richtlinien, Gesetze

.1 TA-Lärm, Ziffer 2.321 (zulässige Lärmbelastung in Wohnsiedlungen)

8.2.2.5 Datenquellenübersicht für den Regionalplanungsbereich (PR)

PR 7

11   Topographische Karten

  .1 Maßstab: 1 : 25 000
     Datengruppen: Gewässer

44   Forstplanung

  .1 Bezeichnung: Forsteinrichtungswerk (Karte)
     Datengruppen: Holzart, Alter, Grundwassereinfluß

55   Agrarstatistik (soweit nicht in amtlicher Statistik, 52)

  .1 Landwirtschaftskammer Hannover (Abt. 3/31): Erträge,
     Standarddeckungsbeitrag

  .2 Düngerbezugspreisliste (1971/77), Taschenbuch für
     Hof und Feld, Nr. 74 (F), "Stickstoff", 1961

72   Wissenschaftliche Literatur

  .1 Popp, L.: Städtehygiene, 13, H. 9, 1962, in: Liepholt,
     R. (1965): Die Gewässergüte österreichischer Seen.
     In: Österreichische Wasserwirtschaft, 17, 5 - 9
     (Grenzwerte für Badewasserqualität)

73   Normen, Richtlinien, Gesetze

  .1 Drucksache 7/3975: Unterrichtung durch die Bundesregierung, Vorschlag einer Richtlinie des Rates über die
     Qualität von Wasser für den menschlichen Gebrauch.
     H. Heger, Bonn-Bad Godesberg 1975 - GW, Badewasserqualität, 7.2 (11) 51

8.2.2.6 Datenquellenübersicht für den Regionalplanungsbereich (PR)

PR 8

43 <u>Agrarplanung</u>

.1 Agrarleitplanung (ALP), Bayern (vgl. PL 5), Dörfler et al., 1976: Der Agrarleitplan - Grundlage der landwirtschaftlichen Fachplanung, in: Bayerisches landwirtschaftliches Jahrbuch, 53. Jg., Sonderheft 1, BLV Verlagsgesellschaft, München, S. 70-78

44 <u>Forstplanung</u>

.1 Waldfunktionskarte von Bayern

46 <u>Naturschutzplanung</u>

.1 Floristische Kartierungen, Neuburg 1911-1914, Ingolstadt 1840

.2 Kartierung schutzwürdiger Biotope (Schaller et al., Technische Universität München, seit 1974, im Auftrage des Landesamtes für Umweltschutz und des Bayerischen Staatsministeriums für Landesentwicklung und Umweltfragen)

55 <u>Agrarstatistik</u> (soweit nicht in amtlicher Statistik, 52)

.1 Bayerisches landwirtschaftliches Informationssystem (BALIS)

61 <u>Unterlagen von Behörden</u>

.1 Bayerisches Landesamt für Umweltschutz, München, Abt. Luftreinhaltung: Emissionskataster, Immissionskataster

8.2.2.7 Datenquellenübersicht für den Regionalplanungsbereich (PR)

PR 9

11 <u>Topographische Karten</u>

  .1 <u>Maßstab:</u> 1 : 10 000 (auch aus 1 : 5 000 oder 1 : 25 000 erstellt)

  .2 Stadtpläne

13 <u>Luftbilder</u>

  .1 <u>Maßstab:</u> 1 : 10 000 (schwarz-weiß, für Neckar-Odenwald-Kreis, infrarot für Rhein-Neckar-Kreis)

8.2.3 Gruppe 3: Landesplanungsbereich (PL)

Aufschlüsselung der als Eingangsdaten verwendeten Kriterien (zu Ziffer 14 der Kennzeichnungsliste)

	PL 1			PL 2			PL 3			PL 4*)			PL 5		
	p	s	Qu	p	s	Qu	p	s	Qu	p	s	Qu	p	s	Qu

141 Sozioökonomische Situation

Kriterium	p	s	Qu	p	s	Qu	p	s	Qu	p	s	Qu	p	s	Qu
Bevölkerung, Einwohnerzahl															
Bevölkerungsdichte															
Bevölkerungsveränderungen															
– natürliche	x		52		x	52									
– Zu- und Abwanderung, Pendler	3x	2x	52		x	52									
Altersstruktur	2x		52												
Ausbildungs-/Sozialstruktur	5x	2x	52												
Erwerbs-/Arbeitsplatzstruktur	3x	5x	52/71	x		52									
Einkommen	x		52												
Wirtschaftsstruktur/Branchen		x	52												
Wirtschaftskraft/Bruttoinlandsprodukt	x		52												
Arbeitsmarkt	2x		52												
Grundstücksverfügbarkeit	x		D.8.									(x)$^{4,5)}$ 46			
Energiebilanz															
Nutzungsbezogene Ökonomische Daten															
Deckungsbeiträge Landwirtschaft															
Deckungsbeiträge forstw. Bewirtschaftungsverfahren															
Besitzverhältnisse Wald															
Wasseraufbereitungskosten für Trinkwassergewinnung aus Grundwasser															
Wasseraufbereitungskosten für Trinkwassergewinnung aus Oberflächenwasser															
Investitions- und Betriebskosten für Freibäder															
Kosten für Aufbereitung der Ressource															
Ökonomische Wartung der Ressource															
Gemeindegrenzen/Kreisgrenzen				x		29				x$^{1-5)}$		29/46 /41			(x)
Mittelbereiche															
Entwicklungsschwerpunkte, zentrale Orte															
Entwicklungsachsen, Nachbarschaftsverbände u.a.															
Raumstruktur (Verdichtungsraum/strukturschwacher Raum)															

*) 1) nur im Münchener Norden
2) nur für schutzwürdige Biotope
3) nur im Alpenraum
4) Erfassung bei Biotopkartierung geplant
5) nur für Stadtbiotope

- 119 -

1421 Klima, Luft, Lärm

	PL 1			PL 2			PL 3			PL 4 (**)			PL 5		
	p	s	Qu	p	s	Qu	p	s	Qu	p	s	Qu	p	s	Qu
Klimatische Situation															
Temperatur											x[1]	41/21			
Niederschlag											x[1]	41/21			
Wind															
Strahlung															
Verdunstung															
Luftfeuchte															
Lokalklima															
Bestandsklima															
Kaltluft/Warmluft															
Nebel											x[1]	41/21			
Hagel															
Schnee															
Frost											x[1]	41/21			
Schwüle															
Inversionen		x	21/53 /72												
Phänologische Situation															
Vegetationsperiode															
Wuchsklima															
Bioklimatische Zone		x[1]	21		x	21									
Ausbreitungsbedingungen				2x	x	21/11 53/71									
Netzdichte windwirksamer Strukturen															
Belastungen/Gefährdungen/Grenzwerte/ Restriktionen 2)															
Emissionen Schadstoffe (flächenbezogen)	x		61/48 /71/52 /57		x	61									
- einzelne Schadstoffe															
- nach Wirkung gegliedert															
Abwärme															
Vorbelastung aus benachbarten Gebieten					x	20									
Immissionen Schadstoffe															
- einzelne Schadstoffe		x	52		2x	61									
- Immissionswirkung												(x)[3]			9/7
Immissionsgrenzwerte															
Emissionen Lärm (gesamt)		x	71/73		x	9/61 47									
Immissionen Lärm															(x)[1]
Grenzwerte															

Fußnoten siehe folgende Seite

Fußnoten für S. 122

1) bioklimatische Zone + belasteter Verdichtungsraum
2) hier nur Angaben ohne Nutzungsbezug
3) Bioindikatoren
4) vorgesehen, aber nicht sicher, ob aus den Unterlagen zu entnehmen

*)1)) nur im Münchener Norden
  2)) nur für schutzwürdige Biotope
  3)) nur im Alpenraum
  4)) Erfassung bei Biotopkartierung geplant
  5)) nur für Stadtbiotope

- 121 -

	PL 1			PL 2			PL 3			PL 4*)			PL 5		
	p	s	Qu	p	s	Qu	p	s	Qu	p	s	Qu	p	s	Qu
1422 Relief, Gestein, Boden															
Reliefenergie	x	1)	22/11		x	21/11								(x)	
– min. Höhe					x	11/72					x$^{3,4)}$	46			
– max. Höhe											x$^{3,4)}$	46			
Höhe über NN					x	11								(x)	
Exposition											x^{1,3,}	41/46		(x)	
Inklination								x	11/13 /9		x$^{3,4)}$	/33,46		(x)	
Morph. Ausprägung														(x)	
Spezielle Landschaftsformen – Terrassenlandschaften															
Formation/Gesteinsart											x$^{3,4)}$	46			
Lagerstätten, pot. Abbau											x$^{1)}$	41/33		(x)	
Aufschüttungsflächen															
Abgrabungsflächen															
Baugrundeignung															
Böden, allgemein											x$^{1)}$	41/24			
Ausgangsmaterial der Bodenbildung															
Bodenentwicklung/Zustandsstufe														(x)	
Bodentyp					x	24					x$^{3)}$	46			
Bodenart					x	24					x$^{3)}$	46		(x)	
Bodengüte	x	1)	24/23		x	24		x	9/11/ 13/24		4x			(x)	
Mächtigkeit/Gründigkeit															
Bodenwärmehaushalt														(x)	
Bodenlufthaushalt															
Bodenwasserhaushalt											x$^{3)}$	46		⊗	
Nährstoffhaushalt															
Skelettanteil															
Gefügestabilität															
Humusgehalt															
Austauschkapazität															
ph-Wert															
Edaphon															
Gewässer-Sedimente															
Belastungen/Gefährdungen/Grenzwerte/ Restriktionen															
Schadstoffbelastung															
Erosionsgefährdung											x$^{3,4)}$	46/43			
Bodenschutzgebiet															
Bodendenkmal											x$^{1)}$	41/61			

Fußnoten siehe folgende Seite

Fußnoten für S. 124

1) für MNR (Main-Neckar-Raum), abgeleitet (a)

*)1)) nur im Münchener Norden
  2)) nur für schutzwürdige Biotope
  3)) nur im Alpenraum
  4)) Erfassung bei Biotopkartierung geplant
  5)) nur für Stadtbiotope

1423 Wasser	PL 1			PL 2			PL 3			PL 4(*)			PL 5		
	p	s	Qu	p	s	Qu	p	s	Qu	p	s	Qu	p	s	Qu
Oberflächengewässer							⊗								(x)
Einzugsgebiete		x			x	11/25/13									
		x			x	25									
Fließgewässer															
– Größenklasse		x	25		x	11/25/13					x¹⁾	41/11			
– Länge															
– Abflußwerte		x¹⁾	54		x	54									
– Ausbaugrad															
Stehende Gewässer		x	25		x	11/25/13					x¹⁾	41/33			(□)
– Größe											2x¹⁾	41/33			
– Ausbaugrad															
Belastungen/Gefährdungen/Grenzwerte/Restriktionen															
Gewässergüte		x	n.e.		x	42/25					x¹⁾	41/33			
– Temperatur					x	42									
– Aufwärmspannen					x	42									
Selbstreinigungskraft															
Belastbarkeit															
– Schmutzwasser		x	54/72			42/9									
– Wärme			x			42/9									
Grundwasser															
Flurabstand oberflächennahes Grundwasser											x¹⁾	41/33			
– Ganglinien															
– hoher Stand															
– tiefer Stand															
Höffigkeit/Speichergestein		x	26		x	23/26									
Deckschicht															
Leitfähigkeit															
Belastungen/Grenzwerte/Gefährdungen/Restriktionen															
Regenerationsfähigkeit, Neubildungsrate															
Empfindlichkeit															
Wasserqualität															

1) MNR (*) 1) nur im Münchener Norden
2) nur für schutzwürdige Biotope
3) nur im Alpenraum
4) Erfassung bei Biotopkartierung geplant
5) nur für Stadtbiotope

1424 Pflanzen- und Tierwelt

	PL 1					PL 2					PL 3					PL 4(*)					PL 5				
	p	s	a	Qu	p	p	s	a	Qu	p	p	s	a	Qu	p	p	s	a	Qu	p	p	s	a	Qu	p
Ökosysteme																		$x^{3)}$	46						
- Entwicklung																									
- Stoff-, Energiehaushalt																									
- Arten-, Strukturdiversität																									
- Naturnähe								x	27/13 /71/61 81																
Vegetation																									
Reale Vegetation [1)]																									(x)
- einschl. strukturierender Elemente (z.B. Knicks)							x		11/13				x	11/13 /9				$x^{1)}$	41/33						$(x)^{2)}$
- Gesellschaften													x	11/13 /9				$x^{2)}$	46						
- floristische Bestandsaufnahme													x	9				$x^{2,3)}$	46						(x)
Potentielle natürliche Vegetation																		$x^{1)}$	41/27						
Historische Vegetation																									
Gewässervegetation																									
Fauna																									
- Gesellschaften																									
- faunistische Bestandsaufnahme													x	9				$x^{2,3)}$	46						$2(x)^{3)}$
Belastungen/Gefährdungen/Grenzwerte/Restriktionen																									
Fremdstoffe in frei lebenden Tieren																									
Langzeitwirkung von Fremdstoffen in Tieren																									
Ansprüche von Organismen an Biotope (Milieu, Schadstoffe)																									
Nutzungsschäden													x	11/13 /9				$x^{2,3)}$	46/32 /42/44						
Gefährdung													x	11/13 /9				$x^{2,3)}$	46						
Ersetzbarkeit																		$x^{4,5)}$							

1) Wald, Acker, Grünland = Nutzungen
2) "Ränder"
3) - Vogelarten
   - andere

*) 1)) nur im Münchener Norden
   2)) nur für schutzwürdige Biotope
   3)) nur im Alpenraum
   4)) Erfassung bei Biotopkartierung geplant
   5)) nur für Stadtbiotope

		PL 1			PL 2			PL 3			PL 4(*)			PL 5	
	p	s	Qu	p	s	Qu	p	s	Qu	p	s	Qu	p	s	Qu

143 **Nutzungsbezogene Daten**

1431 **Wasserwirtschaft**

Wassergewinnung

Schongebiete
- Schutzgebiete — — — — x 42/61 /81 — — — — ⊗ 3,4) 46 — — —
- Einzugsgebiete — — — — — — — — — — x 1) 41/34 — — (x)

Speicherseen

Förderungsanlagen (Grundwasser) — x 52/61 — x 54 — — — — — — — — —

Förderungsanlagen (Oberflächenwasser)

Förderungsdichte — — — — x 54 — — — — — — — — —

Wasserleitungen

Versorgungsbilanz
- Wasserbedarf — x 42/54 — x 54 — — — — — — — — —
- Wasserverbrauch — — — — x 54 — — — — — — — — —
- Wasserdargebot/Kapazität
- Eigenversorgungsgrad — x 42/54 — x 54 — — — — — — — — —

Regulierung des Wasserhaushaltes

Hochwassergefährdete Gebiete/Über-
schwemmungsgebiete — — — — — — — — — — x 3)) 46 — — —

Hochwasserschutzanlagen
- Deiche — — — — — — — — — — — — — (o) —
- technische Anlagen — — — — — — — — — — — — — (x) —

Entwässerungsbedürftige Gebiete

Grundwasserenstaubereiche

Wasserwirtschaft als Verursacher von Belastungen

Wasserwirtschaft als Betroffener von Belastungen

Grenzwert Trinkwasserqualität

*) 1)) nur im Münchener Norden
2)) nur für schutzwürdige Biotope
3)) nur im Alpenraum
4)) Erfassung bei Biotopkartierung
5)) nur für Stadtbiotope

– 126 –

1432 Land- und Forstwirtschaft, Fischerei

	PL 1			PL 2			PL 3			PL 4(*)			PL 5		
	p	s	Qu	p	s	Qu	p	s	Qu	p	s	Qu	p	s	Qu
Landwirtschaftlich und gartenbaulich genutzte Fläche		x	51/61								x[1])	41/43		s	(x)[2])
Nutzungsarten															
– Acker/Grünland/Sonderkulturen	2x				2x	13/43 62/52									
– weitere Differenzierung					x	11/43 /27		x	55						
Art und Intensität der Bewirtschaftung															
– Erträge								x	55						
– Düngung					x		x		9						
– Pflanzenschutz															
Landwirtschaftliche Betriebsstruktur								x	55		x[1])	41/43			
Stand der Flurbereinigung															
Landwirtschaftliche Vorranggebiete															
Forstwirtschaftlich genutzte Fläche/Wald		x	51/11 /13		x	11/13 /14			9/11 /13		x[3])	46			(x)
Waldarten															
– Nadel-/Laub-/Mischwald					x	11/44 /27					x[1])	41/33			
– weitere Differenzierung/Holzart															
Art und Intensität der Bewirtschaftung															
– Bestandsdichte											x[3])	46			
– Altersklassen															
– Art der Nutzung															
Schonwald (ausgewiesen)															
Waldfunktionen (Differenzierung wie in Waldfunktionskarte															
– Wald im Schutzgebiet u.a. Ersatzdaten	x[1])														(x) 44
– Erholungswald (ausgewiesen)			n.a.								x[1])	41/44			
Fischereilich genutzte Flächen															
– Fischteiche											x[1])	41/33			
Agrarische Nutzung als Verursacher von Belastungen															
Agrarische Nutzung als Betroffener von Belastungen															
– durch Grundwasseränderung beeinträchtigte forstw. Nutzfläche															

1) nur MNR
2) "Flurbilanz, Grünflächen"

*)
1)) nur im Münchener Norden
2)) nur für schutzwürdige Biotope
3)) nur im Alpenraum
4)) Erfassung bei Biotopkartierung geplant
5)) nur für Stadtbiotope

- 127 -

	PL 1			PL 2			PL 3			PL 4*)			PL 5		
	p	s	Qu	p	s	Qu	p	s	Qu	p	s	Qu	p	s	Qu

1433 **Erholung (landschaftsbezogene Erholung)**

Natürliche Erholungseignung | | | | | x | 71/61 /81 | | | | | x[3)) | 46 | | | |

- Differenzierung nach Nutzungsarten

Erholungsgebiete (ausgewiesen) | | | | | x | 45/61 /81 | | | | | | | | | |

- Naherholung | | | | | | | | | | | x[1)) | 41/44 | | | |
- Ferienerholung

Erholungseinrichtungen | | | | | | | | | | | | | | | (a) |
- Spiel-/Sport-/Freizeiteinrichtungen | | | | | | | | | | | x[1)) | 41/45 | | | |
- Differenzierung nach Art der Einrichtungen | | | | | | | | | | | x[1)) | 41/31 /45 | | | |

- Campingplatz
- Differenzierung nach Art des Platzes
- Ferienhausgebiet

Nutzungsintensität

Versorgung mit Erholungsgebiet | | x | 52/28 /32 | | | | | | | | | | | | |

- Einwohner im Einzugsbereich
- Bedarf an Erholungsfläche
- Erreichbarkeit | | x | 28/32 | | | | | | | | | | | | |

Erholungsnutzung als Verursacher von Belastungen

- Trittbelastung | | | | | | | | | | | | | | | (a) |
- Lärmbelastung | | | | | | | | | | | | | | | (a) |

Erholungsnutzung als Betroffener von Belastungen

Lärmbelastung im Außenbereich | x[1) | | 47/64 /84/9 | | | | | | | | | | | | |

Grenzwert Badewasserqualität

1) Verkehrslärm im Außenbereich

*)1)) nur im Münchener Norden
2)) nur für schutzwürdige Biotope
3)) nur im Alpenraum
4)) Erfassung bei Biotopkartierung geplant
5)) nur für Stadtbiotope

1434 Naturschutz

	PL 1			PL 2			PL 3			PL 4 (*)			PL 5		
	p	s	Qu	p	s	Qu	p	s	Qu	p	s	Qu	p	s	Qu
Schutzgebiete															
- Naturschutzgebiet		x	11/13 /46		x	46/20		x	46		⊗	41/46		(x)	
- Landschaftsschutzgebiet		x¹⁾	46					x	46		⊗	41/46		(x)	
- Naturdenkmal		x¹⁾	46					x	46		⊗	41/46 /34		(x)	
- Naturpark															
- Nationalpark															
- Naturwaldzelle/Wildschutzgebiet/ Waldschutzgebiet/Bannwald											x¹,⁶⁾	41/33			
- Kombination von Schutzarten															
Schützenswerte Flächen/"wertvolle Landschaftsteile"		x¹⁾	46		x	27/13 /71'81 /61	x		9/11, /13		x	41/46			
- schutzwürdige Biotope											x²,³⁾	46			
- botanisch bedeutsame Räume											x²,³⁾	46			
- zoologisch bedeutsame Räume															
- ornithologisch bedeutsame Räume															
Naturschutz als Verursacher von Belastungen															
Naturschutz als Betroffener von Belastungen											x²,³⁾	46			

1) nur MNR
*)1)) nur im Münchener Norden
2)) nur für schutzwürdige Biotope
3)) nur im Alpenraum
4)) Erfassung bei Biotopkartierung geplant
5)) nur für Stadtbiotope
6)) Bannwald

- 129 -

1435 Abbau Sand/Steine/Erden

	PL 1				PL 2				PL 3				PL 4 (*)				PL 5			
	p	s	Qu	p	p	s	Qu	p	p	s	Qu	p	p	s	Qu	p	p	s	Qu	p
Abbauflächen																				
- Art des abgebauten Materials									x		9/11 /13		x[1)]		41/33					
- Art des Abbaus													x[1)]		41/33					
- Stand der Rekultivierung																				
- Art der Rekultivierung																				
- Rekultivierungsbedingungen																				
Abbau als Verursacher von Belastungen																				
- Menge und Art des Abraums																				
- Menge und Art der Abfallstoffe aus Aufbereitung und Veredlung																				
- Beeinflussung des Grundwassers																				
- Beeinflussung des Landschaftsbildes																				
- sonstige Wirkungen auf den Landschaftshaushalt																				

(*) 1)) nur im Münchener Norden
2)) nur für schutzwürdige Biotope
3)) nur im Alpenraum
4)) Erfassung bei Biotopkartierung geplant
5)) nur für Stadtbiotope

– 130 –

1436 Siedlung	PL 1			PL 2			PL 3			PL 4 *)			PL 5		
	p	s	Qu	p	s	Qu	p	s	Qu	p	s	Qu	p	s	Qu
Siedlungsfläche (gesamt)		x	32/13		x	11/13 /14	x	o	9/11 /13		x[3])	46		s	(x)
Siedlungsdichte (Einw./Siedlungsfläche)		x	32/52 /13												
Bebauungsdichte Geschoßzahl/Bauweise Bedarf an Siedlungsfläche	x[1])		52												
Wohnsiedlungsfläche	o[1])		32/13								x[1])	41/35 /33			
– Art des verfügbaren Wohnraums – Versorgung mit Wohnraum – Bebauungsdichte	3x		51												
Industrie- und Gewerbefläche	o[1])		32/13								x[1])	41/33			
– Art der Nutzung – Einzelanlagenstandorte					x	9/11 /81					x[1])	41/33			
Freiflächen im Siedlungsbereich															(x)
– Art der Flächen – Intensität der Nutzung – Versorgung mit Freiflächen		x	72								x[1,6])	41/63			
Einrichtungen der sozialen Infrastruktur															
Schulen – Art – Versorgung mit Schulen	4x		51/11												
Bibliotheken, kulturelle Einrichtungen – Art – Versorgung mit ...	x		51												
Spiel- und Sportstätten – Art – Intensität der Nutzung – Versorgung mit ...	4x		51												
Kindergarten, Altersheime Kirchen															
Gesundheitseinrichtungen – Art – Versorgung mit ...	5x		51												
Sonstige															
Geschützte und schützenswerte Flächen und Objekte											x[1])	41/61			
Sonstige bebaute Flächen Sonderbauflächen															
Bauerwartungsland/mögl. Baugebietsausweisung/ Baulücke															

1) nur MNR

*)1)) nur im Münchener Norden
2)) nur für schutzwürdige Biotope
3)) nur im Alpenraum
4)) Erfassung bei Biotopkartierung geplant
5)) nur für Stadtbiotope
6)) Kleingartenanlagen

- 131 -

	PL 1				PL 2				PL 3				PL 4				PL 5			
	p	s	a	Qu	p	s	a	Qu	p	s	a	Qu	p	s	a	Qu	p	s	a	Qu

Nutzungsfestsetzungen

nach Flächennutzungsplan
- Flächen
- Einrichtungen

nach Bebauungsplan
- Flächen
- Einrichtungen
- Maß der baulichen Nutzung

Siedlung als Verursacher von Belastungen [1]

Luftverschmutzung
- Art der Schadstoffe   2x   3x   52/48
- Verursacher   /81/9

Siedlung als Betroffener von Belastungen

Luftverschmutzung
- Art der Schadstoffe
- betroffene Einwohnerzahl
- Grenzwerte

Lärm
- zeitliche Differenzierung   x   71/73
- betroffene Einwohnerzahl   /47/9

- Grenzwerte

[1] ohne Verkehr, Abwasser- und Abfallbeseitigung

1437 **Verkehr**

	PL 1			PL 2			PL 3			PL 4*)			PL 5		
	p	s	Qu	p	s	Qu	p	s	Qu	p	s	Qu	p	s	Qu
Verkehrsfläche (gesamt)		x	n.s.		x										
Verkehrstrassen					x	11/13 /47/14	x		11/13 /9						(x)
Lage der Trassen (Einschnitt, Damm)					x	11									
Wega															(x)
Straßenverkehr															
Art der Straßen															
– BAB/andere					x	11					⊗1)	41/33			
– weitere Differenzierung															
Verkehrsdichte															
– Fahrzeugarten															
– zeitliche Differenzierung					x	47/61									
Versorgung mit Verkehrseinrichtungen															
– Auslastung der Straßen		x	47												
– BAB-Anbindung		x	11												
– Buslinien															
– Haltestellen															
– Parkplätze											⊗1)	41/63			
Schienenverkehr															
Art und Größe der Bahnlinie					x	11					⊗1)	41/33			
Verkehrsdichte															
Bahnhöfe											⊗1)	41/33			
Luftverkehr															
Flugplatz															
– Art											⊗1)	41/47			
Verkehrsdichte															
Wasserverkehr															
Hafen															
– Art															
Kanal											x 1)	41/33			
Verkehr als Verursacher von Belastungen															
Luftverschmutzung															
– Art der Schadstoffe															
– Verursacher															
– Straßenverkehr															
– Schienenverkehr															
– Luftverkehr															
– Wasserverkehr															
Lärm															
– Verursacher															
– Straßenverkehr											x 1)	41			
– Schienenverkehr											x 1)	64			
– Luftverkehr											x 1)	33			
Flächenzerschneidung															

*) 1)) nur im Münchener Norden
2)) nur für schutzwürdige Biotope
3)) nur im Alpenraum
4)) Erfassung bei Biotopkartierung geplant
5)) nur für Stadtbiotope

	PL 1			PL 2			PL 3			PL 4 *)			PL 5		
	p	s	Qu	p	s	Qu	p	s	Qu	p	s	Qu	p	s	Qu

1438 Ver- und Entsorgung

Ver- und Entsorgungseinrichtungen [1])

Abfallbeseitigung																
Anfallende Müllmenge																
- Art des Mülls																
Müllabfuhr																
Deponien																
- Art und Ordnungsgrad	x		48							x[1])		41/44			
- Stand der Rekultivierung																
- Art der Rekultivierung																
Versorgung mit geordneter Abfallbeseitigung	2x		48													

Abfallbeseitigung als Verursacher von Belastungen
- gefährdete Flächen: 9 (PL 1 Qu)

Abwasserbeseitigung																
Anfallende Abwassermenge/Fracht																
- Art des Abwassers																
Abwasserleitung																
Art der Kanalisation/Niederschlagswasserbehandlung			x			9/63 /81									
Klāranlagen																
- Art der Anlage	x		42/81	x		9/63 /81									
- Reinigungsleistung/Wirkungsgrad				x		9/63 /81				⊗[1])		41/42			
- Versorgung mit Klāranlagen/angeschlossene Gebiete																

Abwasserbeseitigung als Verursacher von Belastungen

Einleitungsstellen (allgemein)																
- Schmutzwasser																
- Kühlwasser																
- Einleitwerte der Einzugsgebiete				x		9/81									
Einleitungen aus Klāranlagen				x		9/81									
Einleitungen aus Industrieanlagen																
- Schmutzwasser				x		9/81									
- Kühlwasser				o		n.e.									

Energieversorgung/Leitungsnetz																
Oberirdische Leitungen																
- Art, Größe										⊗[1])		41/33	(x)		
- Umspannwerk										x[1])		41/33			
unterirdische Leitungen																
- Art																

Leitungen als Verursacher von Belastungen

[1]) ohne Wassergewinnung, soziale Infrastruktur
**)[1]) nur im Münchener Norden
2)) nur für schutzwürdige Biotope
3)) nur im Alpenraum
4)) Erfassung bei Biotopkartierung geplant
5)) nur für Stadtbiotope

- 134 -

	PL 1			PL 2			PL 3			PL 4*)			PL 5		
	p	s	Qu	p	s	Qu	p	s	Qu	p	s	Qu	p	s	Qu
1439 Militär															
Truppenübungsplatz (überwiegend Freifläche)							x	o	9/11 /13						
Kasernenbereich (überwiegend bebaute Fläche)										⊗¹⁾					41/61
Militärische Nutzung als Verursacher von Belastungen															
144 Sonstige Nutzungen/ungenutzte Flächen/ nutzungsübergreifende Angaben															
Ödland	x¹⁾						x		9/11 /13						
Brachflächen							x¹⁾		9/11 /13						
Ausgewiesene Regenerationsflächen				x		41/71 /35									
Verfügbarkeit von Flächen															
Inhalt überregionaler Entwicklungspläne (ohne Differenzierung Bestand-Planung)															
Naturräumliche Gliederung							x		28	x		41/46 /28			
Ökologische Raumgliederung										x¹⁾		41/46			
Landschaftsbild									2(x						
Freizuhaltende offene Flächen															
Luftbild															

1) nur MNR
2) Fernsichtmöglichkeit, Sichtmöglichkeit am Wasser
x)1)) nur im Münchener Norden
   2)) nur für schutzwürdige Biotope
   3)) nur im Alpenraum
   4)) Erfassung bei Biotopkartierung geplant
   5)) nur für Stadtbiotope

8.2.3.1 Datenquellenübersicht für den Landesplanungsbereich (PL)

PL 1

11 <u>Topographische Karten</u>

  .1 <u>Maßstab:</u> 1 : 25 000
<u>Datengruppen:</u> Relief, Wald, Schutzgebiete

13 <u>Luftbilder</u>

  .1 <u>Maßstab:</u> 1 : 25 000
<u>Bezeichnung:</u> Main-Neckar-Raum
<u>Datengruppen:</u> Wald, Schutzgebiete, Siedlung

21 <u>Klimakarten</u>

  .1 <u>Maßstab:</u> 1 : 1 500 000
<u>Bezeichnung:</u> Die bioklimatischen Zonen in der Bundesrepublik Deutschland nach Becker/Wagner

22 <u>Reliefkarten</u>

  .1 Planungsatlas Baden-Württemberg

23 <u>Geologische Karten</u>

  .1 <u>Maßstab:</u> 1 : 25 000
<u>Datengruppen:</u> Böden

24 <u>Bodenkarten</u>

  .1 Planungsatlas Baden-Württemberg, Reichsbodenschätzung (Gemeindebasis)

  .2 <u>Maßstab:</u> 1 : 600 000
<u>Bezeichnung:</u> Bodentypenkarte Baden-Württemberg

25 <u>Gewässerkarten</u>

  .1 <u>Maßstab:</u> 1 : 600 000
<u>Bezeichnung:</u> Planungsatlas Baden-Württemberg

PL 1

26 **Hydrogeologische Karten**

.1 **Maßstab:** 1 : 150 000

Bezeichnung: Entwurf der internationalen hydrogeologischen Karte von Europa, Blatt C 5 (südliche Landesteile von Baden-Württemberg; nördliche Landesteile als Manuskript vom Geologischen Landesamt)

28 **Karte der naturräumlichen Gliederung**

32 **Landesplanung**

.1 **Maßstab:** 1 : 25 000

Bezeichnung: Raumordnungskataster Baden-Württemberg
Datengruppen: Siedlungsflächen

42 **Wasserwirtschaftsplanung**

.1 Unveröffentlichter Bericht der Landesanstalt für Gewässerkunde (für Umweltschutz) 1974: Angaben über Gesamtwasseraufkommen und Wassermengen aus Fernwasserversorgung für den Neckarraum und die Räume I - V

.2 Abwassertechnische Zielplanung 1973, Baden-Württemberg

PL 1

46 **Naturschutzplanung**

  .1 Bezirksstelle für Naturschutz und Landschaftspflege, Stuttgart

  .2 Landesstelle für Naturschutz und Landschaftspflege Baden-Württemberg

47 **Verkehrsplanung**

  .1 Bundesverkehrswegeplan, 1. Stufe, Auslastung der Verkehrswege 1970, 1985, Bundesfernstraßen

  .2 Verkehrsmengenkarte 1970 Baden-Württemberg, Herausgeber: Innenministerium Baden-Württemberg, Abteilung Straßenbau, Stuttgart 1970

  .3 "Verkehr auf Stadtstraßen", Deutscher Städtetag (Straßenverkehrsmengenkarte Baden-Württemberg)

48 **Wirtschaftsplanung, Ver- und Entsorgung**

  .1 Energiebericht Baden-Württemberg, Stuttgart 1973/74

  .2 Energieprogramm Baden-Württemberg, 1975

51 **Fachübergreifende Datenbanken**

  .1 **Bezeichnung:** Regionaldatenbank Baden-Württemberg
     Datengruppen: Acker, Grünland, Waldflächen, soziale Infrastruktur

52 **Amtliche Statistik**

  .1 Bevölkerungsstatistik (Kreisbasis)

  .2 Industrieberichterstattung 1964, 1970, ab 1972, Zusatzerhebung 1969 (Wasserförderung)

  .3 Statistischer und prognostischer Jahresbericht 1973, Herausgeber: Landesregierung Baden-Württemberg in Zusammenarbeit mit dem Statistischen Landesamt, Stuttgart 1974

PL 1

52

.4 Energieverbrauch industrieller Feuerungsanlagen, Statistisches Landesamt Baden-Württemberg

.5 Statistische Berichte Umweltschutz 1973/74, Herausgeber: Statistisches Landesamt Baden-Württemberg/ Messungen der Landesanstalt für Umweltschutz

.6 Arbeitsstättenzählung

53 <u>Klimastatistik</u>

.1 Gutsche, A.: Inversionen in der unteren Tropophäre nach Radiosondenaufstiegen in der Bundesrepublik Deutschland. Häufigkeitsstatistik der Unter- und Obergrenze für Klassen des Temperatursprungs. Manuskript. Deutscher Wetterdienst, Zentralamt, Abteilung Klimatologie, Offenbach 1974

54 <u>Gewässerstatistik/Wasserwirtschaftsstatistik</u>

.1 Wasserstatistik des Regierungspräsidiums Stuttgart

.2 Deutsches gewässerkundliches Jahrbuch 1967, Baden-Württemberg

57 <u>Verkehrsstatistik</u>

.1 Straßenverkehrszählung des Deutschen Städtetages, 1965

61 <u>Unterlagen von Behörden</u>

.1 Gewerbeaufsichtsamt Stuttgart: Angaben über Einsatz fossiler Energieträger

.2 Landesstelle für Naturschutz und Landschaftspflege Baden-Württemberg: Acker, Grünland

.3 Unterlagen der öffentlichen Wasserversorgung

PL 1

64 Unterlagen der Universitäten

.1 Institut für Bauphysik der Universität Stuttgart: Lärmkarte des Flughafens Stuttgart

71 Gutachten, Sonderuntersuchungen

.1 PROGNOS AG: Künftige Entwicklung der demographischen Beschäftigungspotentiale im Lande Nordrhein-Westfalen und Analyse des Handlungsspielraumes der Landesregierung, Teil III: Ansätze zu einem integrierten System von Sozialindikatoren, Basel 1974, unveröffentlicht

.2 DORNIER SYSTEM/LfG/Universität Stuttgart/Universität Karlsruhe: Prognostisches Modell Neckar, in Arbeit

.3 Die Entwicklung des Energieverbrauchs in Baden-Württemberg und seinen 12 Regionalverbänden bis zum Jahre 1990, DIW Berlin 1974

.4 WHO, health HAZARDS of the HUMAN ENVIRONMENT, 1972

.5 VDI-Kommission Lärmminderung und Reinhaltung der Luft, EG-ENQUÊTE: Untersuchung der Umweltbelastung und Umwelt durch den Straßenverkehr in Stadtgebieten, im Auftrage des Bundesministeriums für Verkehr und der EG, Düsseldorf 1974

72 Wissenschaftliche Literatur

.1 Mäcke, A.: Erhebung zur Erfassung und Bewertung des Wochenendverkehrs, Aachen 1971 (Freiraum im Siedlungsbereich)

.2 Becker, F.: Die Bedeutung der Orographie in der medizinischen Klimatologie. Geographisches Taschenbuch 1970/72, Wiesbaden 1972, S. 343-355

PL 1

73 <u>Normen, Richtlinien, Gesetze</u>

.1 Entwurf DIN 18 005, Schallschutz im Städtebau, Teil 1, April 1976

.2 TA-Luft: Technische Anleitung zur Reinhaltung der Luft vom 28.8.1974, GMBl.

.3 Richtlinien des Innenministeriums V 5178/64, Gemeinsames Amtsblatt des Landes Baden-Württemberg Nr. 19, Stuttgart 1970

.4 Schutz gegen Verkehrslärm, praktische Anwendung städtebaulicher Vorschriften zur Bauleitplanung, im Auftrage des Innenministeriums Baden-Württemberg, Stuttgart 1973

81 <u>Auskunft von Behörden</u>

.1 Ernährungsministerium Baden-Württemberg: Reinigungsleistung von Kläranlagen

84 <u>Auskunft von Universitäten</u>

.1 Institut für forstliche Biometrie der Universität Freiburg: Lärmausbrechungsrechnung für Baden-Württemberg (in Arbeit)

8.2.3.2 Datenquellenübersicht für den Landesplanungsbereich (PL)

PL 3

11 Topographische Karten

.1 Maßstab: 1 : 50 000
Bezeichnung: Biotopkartierung Bayern

24 Bodenkarten

.1 Ergebnisse der Reichsbodenschätzung

28 Karte der naturräumlichen Gliederung

.1 Maßstäbe: 1 : 200 000 und 1 : 500 000 (Bayern)

46 Naturschutzplanung

.1 Maßstab: 1 : 50 000
Bezeichnung: Landschaftsschutz- und Naturschutzkarten von Bayern

55 Agrarstatistik (soweit nicht in amtlicher Statistik, 52)

.1 Bayerisches Landwirtschaftliches Informationssystem (BALIS)

8.2.3.3 Datenquellenschlüssel für den Landesplanungsbereich (PL)

PL 4

11 <u>Topographische Karten</u>

.1 <u>Maßstab:</u> 1 : 50 000
   <u>Datengruppen:</u> Fließgewässer

21 <u>Klimakarten</u>

.1 Klimaatlas von Bayern
   <u>Datengruppen:</u> Sonnentage, Nebeltage, Eistage, Niederschläge

24 <u>Bodenkarten</u>

.1 Bodenkundliche Übersichtskarte von Bayern, 1955, Geologisches Landesamt München (Boden)

28 <u>Karte der naturräumlichen Gliederung</u>

.1 Meynen, E.; Schmithüsen, I.: Naturräumliche Gliederung Deutschlands

29 <u>Verwaltungskarten</u>

.1 Karte mit den Gemeinde-, Kreis- und Stadtteilgrenzen, Bayerisches Landesvermessungsamt

32 <u>Landesplanung</u>

.1 Ministerium für Ernährung, Landwirtschaft und Forsten 1969, 1972, 1973: Kartenwerk "Schutz dem Bergland" (Alpenkartierung: Schäden)

PL 4

33 Regional-/Verbandsplanung

.1 Erhebung des Planungsverbandes "Äußerer Wirtschaftsraum München" (PV)
Datengruppen: Exposition, Mischwaldverhältnis, Landschaftsbestandteile, Gewerbe- und Industrieflächen, Verkehrsnetz, Fließgewässer aus der topographischen Karte 1 : 50 000

.2 Maßstab: 1 : 25 000
Bezeichnung: Regierung von Oberbayern - Bezirksplanungsstelle: Gewinnung von Steinen und Erden in der Region 14, Juli 1975
Datengruppen: Lagerstätten, Moor, Sumpf, Oberflächengewässer, Abbauflächen

.3 Maßstab: 1 : 150 000
Bezeichnung: Übersichtskarte "Kiesmächtigkeit und Grundwasserflurabstände München Nord; Unterlage des Bayerischen Geologischen Landesamtes für die Regionalplanung (unveröffentlicht)

.4 Regionalbericht der Region 14, Bayerisches Staatsministerium für Landesentwicklung und Umweltfragen, 1975, und Regionaler Planungsverband München
Datengruppen: Gewässergüte, Energieleitungen, Einzelanlagenstandorte

.5 Entwurf des Regionalplans für die Region München, Teilabschnitt Baumwald. Regionaler Planungsverband München, 1978 (Baumwald)

.6 Planungsverband Äußerer Wirtschaftsraum München (Unterlagen über Fluglärm)

PL 4

34 **Kreisplanung**

.1 Landkreisverordnungen zu Wasserschutzgebieten (Kreise im Münchner Norden)

.2 Kreisverordnungen: Naturdenkmale

35 **Kommunalplanung**

.1 Flächennutzungspläne im Münchner Norden (geschlossene Siedlungsgebiete)

41 **Landschaftsplanung**

.1 Untersuchung der Belastung der Landschaft; über die Erholungsmöglichkeiten und deren Konflikte mit anderen Raumansprüchen im Münchner Norden, Stand: März 1979. Auftraggeber: Bayerisches Staatsministerium für Landesentwicklung und Umweltfragen; Auftragnehmer: Planungsverband Äußerer Wirtschaftsraum München

42 **Wasserwirtschaftsplanung**

.1 Wasserwirtschaftsamt München (Abwasseranlagen)

.2 Geipel, M.: Hydrologisch-morphologische Karte der Bayerischen Alpen, 1976, 1 : 25 000, hrsg. vom Bayerischen Landesamt für Wasserwirtschaft (Biotopkartierung Bayerische Alpen: Schäden)

43 **Agrarplanung**

.1 Dörfler, A. et al.: Der Agrarleitplan - Grundlage der landwirtschaftlichen Fachplanung; in: Bayerisches Landwirtschaftliches Jahrbuch, 53. Jg., Sonderheft (1976), S. 70-78

.2 Unterlagen zur Agrarleitplanung in der Region 14, Bayerische Landesanstalt für Bodenkultur und Pflanzenbau

.3 Flurbereinigungsdirektion München: Stand der Flurbereinigung

PL 4

44 Forstplanung

.1 Waldfunktionsplan für die Region 14, Entwurf, Oberforstdirektion München (Stadtranderholung, Naherholung)

.2 Maßstab: 1 : 50 000
Bezeichnung: Landschaftsschadenkarte, Erläuterungsbericht zur Waldfunktionskarte, Entwurf, Oberforstdirektion München, 1975

.3 Arbeitsgruppe Landespflege (1974): Leitfaden der Kartierung der Schutz- und Erholungsfunktion des Waldes (Waldfunktionskartierung), Arbeitskreis Zustandserfassung und Planung der Arbeitsgemeinschaft Forsteinrichtung, München (Alpenkartierung: Schäden an Waldflächen)

.4 Arbeitsgruppe Landespflege (1977): Leitfaden zur forstlichen Rahmenplanung; Arbeitskreis Zustandserfassung und Planung der Arbeitsgemeinschaft Forsteinrichtung, München (Alpenkartierung: Schäden)

45 Erholungs- und Fremdenverkehrsplanung

.1 Landkreisverband Bayern: Datenerhebung zur Bestandsaufnahme der Freizeitinfrastruktur in den Landkreisen, 1978 (unveröffentlicht)

.2 Maßstab: 1 : 50 000
Bezeichnung: Bayerisches Staatsministerium für Landesentwicklung und Umweltfragen: Radwanderwegenetz der Region 14

46 Naturschutzplanung

.1 Bayerisches Landesamt für Umweltschutz: Künne, H.: Die Kartierung schutzwürdiger Biotope in Bayern; in: Amtsblatt des Bayerischen Staatsministeriums für Landesentwicklung und Umweltfragen, 5. Jg. (1975), H. 3

PL 4

46

.2 Bayerisches Landesamt für Umweltschutz, 1975: Naturschutzgebiete, Landschaftsschutzgebiete, Nationalparke, Naturparke in Bayern

.3 Regierung von Oberbayern - Höhere Naturschutzbehörde: Geplante Landschaftsschutzgebiete

.4 Ökologische Raumgliederung der Region München, Regierung von Oberbayern - Höhere Naturschutzbehörde (1 : 50 000)

.5 Kartierung erhaltenswerter Biotope in den Bayerischen Alpen; Bearbeiter: Kaule, G.; Schober, M.; Söhmisch, R.; Lehrstuhl für Landschaftsökologie der TU München in Freising-Weihenstephan (Haber, W.); Projektleitung: Kaule, G., Institut für Landschaftsplanung, Universität Stuttgart, Auftraggeber: Bayerisches Landesamt für Umweltschutz und Bayerisches Staatsministerium für Landesentwicklung und Umweltfragen. Veröff.: MAB-Mitteilungen 3, Bonn 1978

47 <u>Verkehrsplanung</u>

.1 Luftfahrtamt Südbayern (Luftverkehr)

61 <u>Unterlagen von Behörden</u>

.1 Bayerisches Landesamt für Denkmalpflege: Entwurf der Denkmalliste nach Art. 2 des Denkmalschutzgesetzes, 1973 (Bodendenkmäler, Baudenkmäler)

.2 Wehrbereichsverwaltung IV, München (militärische Einrichtungen)

PL 4

63 __Unterlagen von Vereinen/Gesellschaften__

.1 Verein zur Sicherstellung überörtlicher Erholungsgebiete in den Landkreisen um München e.V., 1972 (Parkplätze)

.2 Kleingartenverband München (Kleingartenanlagen)

64 __Unterlagen von Universitäten__

.1 Institut für Verkehrsplanung und Verkehrswesen der TU München (Unterlagen über Verkehrslärm)

8.2.3.4 Datenquellenübersicht für den Landesplanungsbereich (PL)

PL 5

24 **Bodenkarten**

.1 Grunddaten der Reichsbodenschätzung

29 **Verwaltungskarten**

.1 Kreiskarte von Baden-Württemberg (Gemeindegrenzen)

44 **Forstplanung**

.1 Waldfunktionskarte für Baden-Württemberg

71 **Gutachten, Sonderuntersuchungen**

.1 Projekt "Bioindikation" an der Landesanstalt für Umweltschutz Baden-Württemberg

8.3 Zusammenfassende und vergleichende Betrachtungen

Bei der Betrachtung der Daten- bzw. Kriterienliste über alle Gruppen "Orts-", "Regional-" und "Landesplanung" fällt u.a. die Vielzahl der Kriterien in den Untergliederungen, wie z.B. "Sozioökonomische Situation", "Klima, Luft, Lärm", "Relief, Gestein, Boden" besonders auf. Diese Zahl würde sich sicher noch vergrößern, wenn mehr Arbeiten herangezogen würden. Sie ergibt sich u.a. aus den unterschiedlichen Aufgabenstellungen und Zielrichtungen der zum Vergleich herangezogenen Arbeiten sowie aus den verschiedenen methodischen Ansätzen. Einschränkend muß hier gesagt werden, daß es sich um vorgegebene Kriterien handelt, wie oben bereits erwähnt wurde. Endgültiges läßt sich somit erst nach Durchführung ausführlicher Untersuchungen hinsichtlich der eingesetzten Methoden aussagen.

Ganz allgemein läßt sich außerdem feststellen, daß überwiegend Sekundärdaten (Spalte "s") herangezogen wurden, daß die Zahl der speziell erhobenen Primärdaten (Spalte "p") aber auch verschiedentlich sehr hoch ist. Letzteres ist z.B. im "Regionalplanungsbereich (PR 8)", und zwar bei den Untergliederungen "Klima, Luft, Lärm" und "Pflanzen- und Tierwelt" der Fall. In den Bereichen "Orts- und Landesplanung" ist der Anteil der Primärdaten auffallend gering. Auch hier lassen sich endgültige Erkenntnisse erst nach Untersuchung der methodischen Probleme gewinnen.

An dieser Stelle sei nochmals darauf hingewiesen, daß die Auflistungen für gezielte Fragestellungen sicherlich weitere Aufschlüsse geben können, daß die vorgelegten Berichte dieses Auftrages somit als "Arbeitsmaterial" zu betrachten sind.

Bei einer speziellen Betrachtung der "Datenlisten" und der hierzu verfaßten "Datenquellenübersichten" ist zu erkennen, daß für ein und dasselbe Kriterium in der Regel die gleichen Datenquellen herangezogen wurden. Es kommen aber auch Kriterien vor, bei denen die benutzten Datenquellen recht unterschiedlichen Ursprungs sind. In diesen Fällen ist dann häufig festzustellen, daß das Vorhandensein von Datenquellen regional begrenzt ist.

Im übrigen können die Datenlisten und Datenquellenübersichten dazu dienen, die Suche nach Datenquellen für bestimmte Kriterien zu unterstützen.

9 Allgemein zur Verfügung stehende Dateien und Datenbanken

9.1 Vorbemerkungen

Im Rahmen dieses Auftrages kann nur auf die bundesweit zur Verfügung stehenden Dateien und Datenbanken hingewiesen werden, selbstverständlich ohne Anspruch auf Vollständigkeit erheben zu wollen. Die länderumfassenden Dateien und Datenbanken sind so zahlreich und speziell, daß in diesem Bericht nur einige Beispiele aufgenommen werden können. Sie dürften auch in den jeweiligen Ländern allgemein bekannt sein. Zum Teil sind sie den Zwischenberichten 1 und 2 (Arbeitsmaterial der ARL Nr. 22 und 33) bzw. dem Sachregister dieses Berichtes zu entnehmen.

Um auch hier den Überblick nicht zu verlieren, werden die Dateien und Datenbanken listenmäßig aufgeführt und die wichtigsten Kriterien herausgestellt. Im übrigen wird auf die "Auswertungsnotizen" der genannten Zwischenberichte verwiesen.

Allgemein ist festzustellen, daß so zahlreiche, umfangreiche und vielseitige Dateien und Datenbanken im Bundesgebiet zur Verfügung stehen, daß bei der Erstellung von Planungen, Analysen, Gutachten usw. in der Regel kaum noch spezielle Erhebungen von Daten notwendig erscheinen. Eingeschränkt wird diese Feststellung allerdings dadurch, daß der EDV-technische Teil der Dateien und Datenbanken recht unterschiedlich ist, doch sollten diese technischen Unzulänglichkeiten für die Zukunft kein unüberwindliches Hindernis darstellen.

In der folgenden Aufstellung werden die im Rahmen dieses Auftrages bekannt gewordenen Dateien und Datenbanken mit bundesweitem Datenbezug aufgeführt.

9.2 Aufstellung über bundesweit zur Verfügung stehende EDV-gestützte Dateien und Datenbanken mit raumordnerischer und ökologisch-planerischer Bedeutung

Bezeichnung	zuständige bzw. entwickelnde Stelle	Datei- bzw. Datenbankform	Datenart und -umfang	Bezüge zum 1. und 2. Zwischenbericht; Quellen; Bemerkungen
1. UMPLIS (Informations- und Dokumentationssystem Umwelt)	Umweltbundesamt, Berlin	Problem- und aufgabenorientiertes Informationssystem	Literaturdokumentation, Sachstandsdaten bzgl. Abfall- und Wasserwirtschaft, Luft und Lärm, Normen und Gerichtsentscheidungen; bereichsübergreifende Datenbanken wie z.B. Umweltforschung	Z 1, S. 163; Z 2, S. 102-103
2. Topographisches Datenbank- und Verarbeitungssystem (TDMS 1100)	Fernmeldetechnisches Zentralamt, Darmstadt	Informations- und Verarbeitungssystem im Funkwesen	Nach geographischen Gebieten, Karten und Teilkarten geordnete topographische Daten der Höhenlinienwerte und morphographische Daten der Bewuchs- oder Bebauungswerte des Gebietes der BRD	Z 1, S. 177
3. Kriteriendatei "Ökologischer Umweltschutz", Bereich Naturschutz und Landschaftspflege	Landesamt für Umweltschutz, München	Systembestandteil der Landesdatenbank LDB 377 des Bayerischen Staatsministeriums für Landesentwicklung und Umweltfragen, München	7000 landschaftspflegerische Entscheidungskriterien	Z 2, S. 49
4. Umweltstatistiken	Der Bundesminister des Innern, tlw. im Einvernehmen mit dem BM für Ernährung, Landwirtschaft und Forsten	Bundesstatistikdateien	Abfallbeseitigung, Abwasserbeseitigung, Wasserversorgung, Unfälle bei der Lagerung und dem Transport wassergefährdender Stoffe, Investitionen für Umweltschutz im produzierenden Gewerbe und in der Viehhaltung	Z 2, S. 12
5. Datenbanksystem für gewässerkundliche Daten	Bundesanstalt für Gewässerkunde, Koblenz	Datenbanksystem für Kleinrechner	Datenspektrum wird in Kooperation mit den zuständigen Dienststellen in den Bundesländern festgelegt	Z 2, S. 322
6. Landschafts-Informationssystem	Bundesforschungsanstalt für Naturschutz und Landschaftsökologie, Institut für Landschaftspflege und Landschaftsökologie, Bonn	Landschafts-Informationssystem auf der Grundlage einer rasterbezogenen Flächendatenbank	80 Merkmalsgruppen mit je 6-10 Einzelmerkmalen oder Stufen je Gruppe	Z 1, S. 223, 224; Z 2, S. 181, 182

Bezeichnung	zuständige bzw. ent- wickelnde Stelle	Datei- bzw. Datenbankform	Datenart und -umfang	Bezüge zum 1. und 2. Zwischen- bericht; Quellen; Bemerkungen
7. Datenbank für wasser- gefährdende Stoffe (DABAWAS)	Institut für Wasserfor- schung GmbH, Dortmund, im Auftrage des Bundes- ministers des Innern, Bonn	Datenbank	Alle verfügbaren, die Wassergefährdung be- treffenden Daten. Mit Abschluß der Entwick- lungsphase lagen ca. 100 000 Einzeldaten von etwa 6 000 Stoffen vor	Z 2, S. 185 DABAWAS wurde in das UMPLIS- System (s.o.) des UBA inte- griert und wird als Bereichs- datenbank fortgeschrieben
8. Regionale Datenbank	Bundesministerium für Ernährung, Landwirtschaft und Forsten, Bonn	Datenbanksystem	Daten über agrarstrukturelle, natürliche und wirtschaftliche Gegebenheiten, die überwiegend aus laufenden Veröffentlichun- gen der amtlichen Statistik und aus Karten gewonnen werden	Z 2, S. 14

9.3 Beispiele für im Aufbau befindliche bundesweite Dateien und Datenbanken

Im folgenden werden Beispiele für weitere, in Arbeit befindliche, bundesweite und EDV-gestützte Dateien und Datenbanken mit raumordnerischer und ökologisch-planerischer Bedeutung kurz dargestellt und auf die Notizen in den Zwischenberichten hingewiesen:

1. Geomorphologische Detailkartierung, vgl. Z 1, S. 19, BW 9.2.1

2. Biotopkartierung, vgl. Z 2, S. 105, Be 9.3.1

3. Ökologische Kartierung der Europäischen Gemeinschaft, vgl. Z 1, S. 77, Ba 9.2.8

4. Zentrales Verweissystem für Umweltdatenbestände, vgl. Z 1, S. 164, Be 4.1.3

5. Karten des Naturraumpotentials, vgl. Z 1, S. 199-200, NS 6.1.6, 6.1.9; Z 2, S. 141, NS 6.1.10

6. Atlas zur Raumentwicklung, vgl. Z 1, S. 223, NRW 1.1.1

7. Informations- und Planungssystem Wasser, vgl. Z 2, S. 186, NRW 4.16.3

9.4 Hinweis auf EDV-gestützte Dateien und Datenbanken in den Ländern der Bundesrepublik Deutschland

Von den in zahlreichen Ländern vorhandenen EDV-gestützten Dateien und Datenbanken von raumordnerischer und ökologisch-planerischer Bedeutung sollen hier nur einige wenige genannt werden. Sie befinden sich teilweise noch im Aufbau:

1. Grundstücksdatenbank bzw. Geowissenschaftliches Informationssystem der Geologischen Landesämter
2. Automatisiertes Liegenschaftskataster der Katasterämter
3. Umweltstatistiken der Statistischen Landesämter
4. Dateien der Ämter für Natur- und Landschaftsschutz
5. Landschaftsdatenbanken, z.B. in Bayern und Nordrhein-Westfalen

Über das weitere, in entsprechender Form vorhandene Datenmaterial, teils EDV-gestützt, teils ohne EDV in Karten, Graphiken, Listen, Tabellen usw. "gespeichert", geben die Datenlisten und Datenquellenübersichten (vgl. Abschnitt 8, S. 44ff.) Auskunft.

Schließlich sind in diesem Zusammenhang auch die Untersuchungen der Arbeitsgemeinschaft Planungsinformationssysteme (AG PLIS) zu erwähnen. Den Mitteilungen der Kommunalen Gemeinschaftsstelle für Verwaltungsvereinfachung (KGSt), Köln, Nr. 16/79 ist in diesem Zusammenhang zu entnehmen, daß "der Kooperationsausschuß ADV Bund/Länder/Kommunaler Bereich ..... über seine Arbeitsgruppe 'Planungsinformationssysteme' mit Stichtag vom 01.01.1977 eine 'Umfrage zum Stand der wichtigsten, mit automatisierter Datenverarbeitung unterstützten Informationssysteme für Statistik und Planung (PLIS)' bei Bund/Ländern und Gemeinden durchgeführt (hat).

Die Umfrage für den kommunalen Bereich führte die Bundesvereinigung der Kommunalen Spitzenverbände im Einvernehmen mit der KGSt gemeinsam mit der Stadt Bochum durch. An der Umfrage beteiligt waren Gemeinden mit mehr als 50 000 Einwohnern und kreisfreie Gemeinden mit weniger als 50 000 Einwohnern in Rheinland-Pfalz und Bayern. Von 164 angeschriebenen kommunalen Gebietskörperschaften haben 152 die Planung oder Realisierung wenigstens eines entsprechenden Informationssystems gemeldet."

In einer an alle Mitglieder der KGSt versandten "Auswertung der Umfrage 1977 zum Stand der wichtigsten ADV-gestützten Planungsinformationssysteme bei Bund, Ländern und im Kommunalen Bereich (Stand 1.1.1977)" wird u.a. darauf hingewiesen, daß "die vom Kooperationsausschuß ADV Bund/Länder/Kommunaler Bereich (KoopA) eingesetzte Arbeitsgruppe 'Planungsinformationssysteme' (AG PLIS) ..... im Sommer 1973 zum ersten Mal eine Umfrage über den Stand der Arbeiten an Planungsinformationssystemen (PLIS) in der öffentlichen Verwaltung durchgeführt (hat). Der Ergebnisbericht wurde dem KoopA im November 1974 vorgelegt. Außerdem erschien eine Zusammenfassung der Ergebnisse in der Zeitschrift ÖVD. (Abel, Fischer, Krane, Leib, Stand der Arbeiten an computerunterstützten Planungsinformationssystemen in der öffentlichen Verwaltung, Öffentliche Verwaltung und Datenverarbeitung (ÖVD) 1975, Heft 5).

In einer Folgeuntersuchung führte die AG PLIS im Jahre 1975 bei sieben ausgewählten Systemen mit universeller Zweckbestimmung eine detailliertere Erhebung durch, um festzustellen, welche Übereinstimmungen bzw. Unterschiede bestehen, welche Probleme noch einer Lösung harren und wo sich Ansatzpunkte für eine bessere Kooperation und Abstimmung finden lassen. Die Ergebnisse wurden dem KoopA im Frühjahr 1977 in einem Bericht zugeleitet."

An anderer Stelle wird ausgeführt, daß "Gegenstand der Erhebung
..... ADV-gestützte Informations- und Datenbanksysteme der
öffentlichen Verwaltung (waren), die der Bereitstellung von
Grundlagenmaterial für vielfältige Planungs- und Entscheidungs-
unterlagen dienen (sog. 'Planungsinformationssysteme')."

Es sei jedoch auch an dieser Stelle vor einer Überschätzung
von Informationssystemen gewarnt und stellvertretend für zahlreiche entsprechende Stellungnahmen eine bereits im 2. Zwischenbericht aufgeführte Meinungsäußerung wiederholt (vgl. NRW 9.9.1):
"Zum Stand und zur Entwicklung räumlicher Datenbank-Informa-
tionssysteme" führt der Verfasser unter '6.1 Fähigkeiten und
Unvermögen des Datenbanksystems' u.a. aus, daß davon ausge-
gangen wurde, "daß ein Informationssystem die Arbeitsschritte
'Sammeln und Verarbeiten von Informationen' übernimmt. Ein
solches System steht vor allem zu den Arbeitsschritten des
Informierens, des Modellaufbaus und der Ableitung und Inter-
pretation von Ergebnissen in Beziehung: Das Informationssystem
gibt Informationen (einschließlich der Verarbeitungsergebnisse)
an seine Benutzer ab und empfängt Anweisungen zum Sammeln und
Verarbeiten von Informationen. Ein derartiges System kann damit nichts oder nur wenig für folgende Voraussetzungen und Be-
standteile des Forschungs- und Planungsprozesses beitragen:

Durch das Informationssystem ist nicht gewährleistet, daß die
gespeicherten Daten gerade die pragmatisch notwendigen oder
wünschenswerten sind. Es ist nicht gewährleistet, daß es der
Benutzer bei gegebener Qualität der Ressource 'Datenbasis'
versteht, diese Ressource für sich auszunutzen; es ist nicht
gewährleistet, daß er Erfahrung in der Arbeit mit empirischen
Daten hat, daß die verwendeten Modelle und Methoden der Größe
und der Eigenart des Problems angepaßt werden, daß ihre Algo-
rithmen vom Benutzer hinreichend gut verstanden werden und
daß die Entscheidungsrelevanz ihrer Ergebnisse richtig bewer-
tet wird .....

Es wäre falsch zu glauben, die Errichtung eines räumlichen Datenbank-Informationssystems, wie des hier geschilderten, würde die Planungs- und Entscheidungsaufgaben in der staatlichen Verwaltung in quantitativer und qualitativer Weise grundlegend verbessern, objektivieren und zugänglicher machen, wenn der Aufbau des Informationssystems nicht auch von Lernprozessen aller Planer und Entscheidungsträger begleitet ist, um diese Ressource ausnutzen zu können. Ein Datenbank-Informationssystem ist nur e i n nützlicher, wichtiger und notwendiger Schritt der Verbesserung des Forschungs- und Planungsprozesses."

10 Abschließende Bemerkungen und Anleitung für die Benutzung der vorgelegten Berichte

Es wurde mehrfach darauf hingewiesen, daß eine endgültige vergleichende Untersuchung der vorliegenden Analysen, Planungen und Projekte erst nach Einbeziehung der methodischen Ansätze möglich wäre. Trotzdem besteht u.E. schon jetzt die Möglichkeit, das in den Zwischenberichten 1 und 2 zusammengetragene Material mit Hilfe der Ausführungen des hiermit vorgelegten Schlußberichtes für Vergleiche heranzuziehen sowie für Entscheidungen über die rechte Wahl von Datenquellen und Kriterien zu benutzen. Hierfür sollen im folgenden einige Beispiele angeführt werden.

Es sei angenommen, daß ein ökologisches Gutachten über die Wahl einer von drei möglichen Autobahntrassen zu erstellen ist. Das Sachregister (Autobahn, Trassenvergleich oder Trassenvergleich, Autobahn) verweist auf S. 301 des 1. Zwischenberichtes. Hier sind drei Arbeiten bzw. Gutachten über entsprechende Themen zu finden, desgleichen unter den Ziffern 7.2.1 - 7.2.3 hierzu gehörende kurze Auswertungsnotizen. Im Bedarfsfall wäre die eine oder andere Arbeit über den Autor zu beschaffen. Weitere Schritte könnten aber auch die Benutzung der Kriteriendatei für Naturschutz und Landschaftspflege des Bayerischen Landesamtes für Umweltschutz, München, (vgl. Z 2, S. 49 und S. 71-75), die Ausnutzung einer oder mehrerer der bundesweit angelegten Dateien und Datenbanken (vgl. S. 155 dieses Berichtes) sowie der Informationssysteme für Raumordnung und Landesplanung und/oder der übrigen Dateien und Datenbanken des betreffenden Landes sein (vgl. S. 158).

In einem zweiten Fall soll angenommen werden, daß für einen Landschaftsplan wasserwirtschaftliche Daten gesucht werden. Wasserwirtschaftliche Kriterien sind in den Datenlisten der drei Gruppen "Orts-", "Regional-" und "Landesplanungsbereich" unter der Ziffer 1431 zu finden. Über diese Listen können dann in der Regel auch die Datenquellen (Spalte "Qu") in den "Datenquellenübersichten" festgestellt und teilweise auch geprüft werden, ob die Quellen in dem jeweiligen Land vorhanden sind. Auch in diesem Fall kann der Abschnitt 9 dieses Berichtes "Allgemein zur Verfügung stehende Dateien und Datenbanken" hilfreich sein. Letztlich ist ein Einstieg in die Berichte über das Sachregister möglich.

In einem dritten Fall interessieren der Datenbezug, die Datenverknüpfung und die Datenfortschreibungsmöglichkeiten in den zum Vergleich herangezogenen Untersuchungen, Gutachten, Projekten usw. Hierfür ist die "Kennzeichnungsliste" (vgl. S. 27) und hierin die Ziffern 15-17 heranzuziehen. Ein Vergleich der Darstellungsform - um ein weiteres Beispiel zu erwähnen - ergibt sich aus der Ziffer 2. Ein Vergleich hinsichtlich Aufbau und Ausbaumöglichkeiten sowie der Hard- und Software-Fragen ist dann schon etwas unergiebiger, da in den herangezogenen Arbeiten nicht immer ausreichende Angaben vorhanden waren. Zusätzliche Nachfragen hätten den Auftrag zeitlich und kostenmäßig überschritten. Hier ist ein weiterer Ansatz für eine Erweiterung und Ergänzung der Untersuchungen zu sehen, worauf im Abschnitt 11 "Anregungen für künftige Arbeiten und Forschungsansätze" noch besonders hingewiesen wird.

11 Anregungen für künftige Arbeiten und Forschungsansätze

Wie an verschiedenen Stellen dieses Abschlußberichtes erwähnt wurde, war bereits bei den Vorgesprächen vereinbart worden, den Vergleich der Methoden weitmöglichst unberücksichtigt zu lassen. Es hat sich jedoch bei der Bearbeitung wiederholt gezeigt, daß eine vergleichende Untersuchung unter Außerachtlassung der jeweils angewandten Methode unvollständig bleiben muß und teilweise zu falschen Schlüssen führen kann.

Es wird daher vorgeschlagen, aufbauend auf den hiermit vorgelegten Berichten, die methodisch-vergleichende Untersuchung anzuschließen. Dabei sollten auch die aus zeitlichen und finanziellen Gründen in einigen Teilen unvollständig gebliebenen Punkte der Kriterienliste, nämlich hinsichtlich des Aufbaues und der Ausbaumöglichkeiten der Dateien und Datenbanken sowie des Einsatzes bzw. des geplanten Einsatzes von Hard- und Software ergänzt werden.

In den genannten Punkten sind die Listen unvollständig geblieben, da in den vorliegenden Arbeiten hierüber nicht ausführlicher berichtet wurde und eine schriftliche Nachfrage und Diskussion im Rahmen des Auftrages zu zeit- und kostenaufwendig gewesen wäre.

12 Autorenregister
(mit Angabe der Seitenzahl)

	Z 1[1]	Z 2[2]	A[3]
Ammer, U.	77		
Anna, H.	226		
Arnold, F.	301		21
Aulig, G.	78		20
Auweck, A.		48	
Bachfischer, R.	78		
Bachhuber, R.	76		
Barwinski, K.		188	
Baudrexl, L.	75		
Bechmann, A.		142	
Becker-Platen, J.D.	200	141	
Bernard, U.	18,19	27	
Bierhals, E.	200		
Bodechtel, J.	78	50	
Boetticher, M.		105	8
Braun, W.		183	
Bucerius, M.		48,49	
Buchwald, K.		142	
Bünermann, G.	165		
Burghardt, B.	73		
Dahmen, F.W.		182,189	
Dierkes, M.	177		
Dierschke, W.		187	
Durwen, K.-J.	229	191	
Eckert, H.U.	177		
Ehmke, W.	17	27	

---

[1] 1. Zwischenbericht
[2] 2. Zwischenbericht
[3] Abschließender Bericht

	Z 1	Z 2	A
Ferenz, W.	300		
Finke, L.		190	
Fischer, E.		189,190	
Fischer, J.	223		
Fischer, K.	16		
Fiß, H.-J.	300		
Gatzweiler, H.P.		180	
Gewecke, J.-C.		144	
Götze, D.		123	
Grosch, P.		142	21
Günther, U.		183	
Haberäcker, P.	16	44	
Hartke, S.		191	
Heidtmann, E.		190	
Henig, H.		127	
Herzfeld, G.		323	
Hirt, F.	225		
Hömberg, R.		191	
Jacobs, G.	73		
Johannsen, T.	178		
Jordan, E.		189	
Kaiser, I. und H.	15		8
Karl, J.		45	
Kaule, G.	18,76,77	48,49	21
Kellersmann, H.	225		
Klaiß, H.	19		
Knauer, N.	301		
Koeppel, H.-W.	223,301	181,182	
Krämer, B.	200		8
Krauss, I.		322	
Künne, H.	76		

	Z 1	Z 2	A
Loch, R.	224		
Lüttig, G.	199		
Mayerl, D.	75		
Mrass, W.		181	20
Mühlinghaus, R.	17		
Müller, M.	17	26	23
Pietsch, J.		143	
Quiel, F.		29	
Rauschenberger, H.	15		
Rühle, R.	19		
Schaaf, U.	224		
Schäfer, K.		144	
Schaller, J.	76,77		22
Schlehuber, J.		141	
Schmeling, D.	177		
Schneider, S.		24,180	
Schreiber, K.-F.	229		
Schriever, H.		187	
Schuhmacher, M.		322	
Seggelke, J.	163	102	
Sukopp, H.		104,105	
Stein, V.	199		
Stillger, H.	201,226	143	
Takeucki, K.	223		
Tost, R.	226		
Vester, F.		125	

	Z 1	Z 2	A
Weihs, E.	75	45	22
Werner, G.	228	189	19
Winkelbrandt, A.		181	
Wißkirchen, P.		184	
Zvolsky, Z.	224		

13 Sachregister

(mit Angabe der Seitenzahl)

	Z 1[1]	Z 2[2]	A[3]
Abbau			27,56,85,132
Abfall	163,223		
Abfall, Atlas zur Raumentwicklung	223	180	
Abgeleitete Daten			27
ADV-Verfahren, Einsatz für Aufgaben der Geowissenschaften/Wasserwirtschaft	177		
Agrarleitplan	74,76,77		
Agrarplanung	224		29
Aktualität			32
Anlagen-Datei	76		
Anpassungsfähigkeit			35
Anschluß- und Benutzungszwang, Luftqualität		183	
Atlas zur Raumentwicklung	223		
Aufbereitung und Darstellung von Erhebungsdaten	76		
Ausbaufähigkeit			35
Auswertungsprogramm	223		
Auswertung und Verknüpfung von Erhebungsdaten	77		
Autobahn, Trassenvergleich	301		21
Automatisierte Liegenschaftskarte		186,323	

---

[1] 1. Zwischenbericht
[2] 2. Zwischenbericht
[3] Abschließender Bericht

	Z 1	Z 2	A
Ballungsgebiete in der Krise		125	
Bauleitplanung und Immissionen	165		
Baunutzungsverordnung/ Luftbildauswertung	225		
BELADO	228	189	
Belastbarkeit	16		
Belastungsbeschreibung	164		
Belastungsmodell	164,228		
Benutzerfreundlichkeit			37
Betriebssystem			35
Bevölkerung, Belastung der	228		
Bewertungsmodell BELADO		189	
Bewertungssystem für Umwelteinflüsse		190	
Bewertung und Darstellung der urbanen Umweltqualität		189	
Bewertung und Erfassung ökologischer Daten	77		
Bewertung von Umweltbelangen	177	189,190	
Bezugssystem			31
Bildauswertungssystem, digitales interaktives	16	44	
Bildschirmdialog, Kriteriendatei		45	
Biokybernetik		125	
Biotopkartierung	75,76, 77,300	46,48, 104,105	22

	Z 1	Z 2	A
Biotopkartierung in der Stadt		104	
Biotopkartierung, Kolloquium		105	
Bodenkarten, Auswertung für die Landschaftspflege		182	
Boden, Relief, Gestein			27,49,72,124
Bodenschätze, ökologische Bewertung	199		
Brachflächen und Ödland			61,96,137
Braunkohlentagebau, ökologisches Gutachten	226		
Bundespost, Topographisches Datenbank- und -verarbeitungssystem	177		
Computereinsatz, Erfahrungen		181	
Computersimulationsmodelle		105	
DABAWAS		185	
Darstellungsform			32,43
Darstellung und Aufbereitung von Erhebungsdaten	76		
Dateien			154,155,157,158
Dateienaufbau			33
Dateienausbaufähigkeit			33
Dateiorganisation			33
Datenaggregation			31

	Z 1	Z 2	A
Datenbank	15,73,75	45,185,186, 191,322	33,154,155, 157,158
Datenbank für wassergefährdende Stoffe (DABAWAS)		185	
Datenbank-Informationssysteme		191	
Datenbanksystem		322	
Datenbezug			29
Datenerfassung		143	27
Datenerhebbarkeit			32
Datenerweiterung			31
Daten, flächenbezogen	76		
Datenfortschreibung			31
Datenquellen			27,62,98,138
Datenquellenschlüssel			45
Datenreduktion			32
Datensammlung			27
Datenträger			33
Datenverarbeitung auf dem Umweltsektor	73	102,103	
Datenverarbeitung, Entwicklung und Einsatz	300		
Datenverknüpfung			31
Daten zur Raumplanung	199		
DIBIAS	16	44	
Digitale Bildverarbeitung	16	44	
Digitale Karte			43

	Z 1	Z 2	A
EDV als Hilfsmittel		143	
EDV, Anwendung im Pegelwesen		186	
EDV-Anwendung in der Landespflege	201		
EDV-Auswertungsprogramm	223		
EDV-gestützte Dokumentationszentrale		188	
EDV-gestützte ökologische Bewertung	226		
EDV-gestützte ökologische Planung	229		
EDV, Grundstücksdatenbank		188	
EDV, Grundwasser-Richtlinien		186	
EDV-unterstützte Modelle zur Wirkungsanalyse und ökologischen Bewertung von Landschaften		143	
EDV, Verschlüsselung von Beschaffenheitsdaten in der Wasserwirtschaft		186	
Einstufung nach Umweltmerkmalen	77		
Einzugsgebiete	19		
Emissionskataster	226		
Energieplanung	19		
Energie-Umwelt-System, ortsabhängige Aspekte		27	
Energie-Umwelt-Wirtschafts-System	18		
Energie und Umwelt, Atlas zur Raumentwicklung	223	180	
Energieversorgung, Führung des Karten- und Planwerks	300		
Entwicklungsplanung			61,96,137

	Z 1	Z 2	A
Entwicklungsplanung, Ökosystemforschung	301		
Entwicklungspläne, überregionale			61,96,137
Entwicklungspotential	16		
Erdwissenschaftliches Flugzeugmeßprogramm		130	20
Erfassung der physischen Umwelt		191	
Erfassung ökologischer Daten und ökologische Planung		143	
Erfassung und Bewertung ökologischer Daten	77		
Erfassung und Speicherung von Beschaffenheitsdaten der Wasserwirtschaft		186	
Erholung			27,54,81,130
Erholung und Landschaft	74		
Erholung, Naturschutz	201		
Erholungs-/Fremdenverkehrsplanung			29
ER-MAN II, Satellitenbildauswertung mit		123	
Fachplanung			29
Ferienorte und -gebiete, Untersuchung	223		
Fernerkundung		43,50,180	
Fernstraßenbau, Prioritäten bei den Investitionen		44	

	Z 1	Z 2	A
Fernüberwachungssystem von Umweltfaktoren	178		
Fischerei, Land- und Forstwirtschaft			27,53,79,128
Flächenbezogene Daten	76		
Flächendatenbank	223		20
Flächenkataster, maschinenlesbare	224		
Flächennutzungsinformationssystem	226		
Flächennutzungskartierung	225		
Flächennutzungskartierung, Luftbildinterpretation	225		
Flächennutzungsplan, landschaftsökologisches Gutachten		189	
Flächennutzungsplanung	254	189	
Flächenordnung und Immissionen	165		
Flächenverfügbarkeit			61,96,137
Flexibilität			37
Flugzeugmeßprogramm, erdwissenschaftliches		126	
Freiflächentypisierung		144	
Freizeit und Erholung, Landschaftsbewertungsverfahren (LEA-Infosystem)		142	
Freizeit- und Landschaftsplanung	226		19

	Z 1	Z 2	A
Gebietsentwicklungsplan	225		
Geokartographische Datenbank	199		
Geologische Datenbank	199		
Geometrische Datenverarbeitung	300		
Geomorphologische Detailkartierung	19		
Geowissenschaften/Wasserwirtschaft-Einsatz der ADV	177		
Geowissenschaftliches Informationssystem	300,314		
Gesamtökologische Bewertung	301		21
Gesellschaft für Ökologie		48	
Gestein, Relief, Boden			27,49,72,124
Gewässerkundliche Daten, Datenbanksystem für		322	
Gewässerkundliche Jahresberichte		104,322	
Gewässerkundlicher Dienst	177		
Gewässerüberwachung		339	
Gliederungstechnik			37
Graphische Datenverarbeitung für Umweltschutz und Umweltplanung		184	
Graphische und kartographische Veranschaulichung		182,184	
GRID	223		
Großstadtlandschaft, Darstellung im Wärmebild	225		

	Z 1	Z 2	A
Großstadtregion, Umweltbelastungsmodell	228		
Grundstücksbezogenes Informationssystem		141	
Grundstücksdatenbank		127,141, 187,188, 323	
Grundwasserdienst	177		
Grundwassermeßdatei	177		
Grundwasserrichtlinien, EDV		186	
Grundwasserüberwachungssystem	164		
Handbuch für Planung, Gestaltung und Schutz der Umwelt		142	
Handbuch zur ökologischen Planung	15		22
Hardware			33
Hausmülluntersuchung		184	
Hydrogeologische Datenbank	199		
IMGRID	223		
Immissionen-Datei	76		
Immissionskataster	177		
Immissionsmeßdatei	177		
Immissionsschutz	165		
Immissionsüberwachung	177		

	Z 1	Z 2	A
Indikatoren der Umweltqualität	18		21
Informationssysteme, Überschätzung von			160
Informationssystem, Liegenschaftskataster als Bestandteil		188	
Informations- und Dokumentationssystem	163,164		
Informations- und Planungssystem	223,225	126,141, 188	33,160
Informationsveranstaltung Umweltschutz - EDV	163		
Infrarot-Wärmeaufnahmen	225		
Ingenieurgeologische Datenbank	199		
Interaktives Flächennutzungsinformationssystem	226		
Kapazitätsberechnungen			37
Kartierung schutzwürdiger Biotope	75,76,77, 300	48	22
Kartographie, Auswertung von LANDSAT-Weltraumbildern		140	
Kataster für radioaktive Stoffe		322	
Kennzeichnungsliste			27
Klassifizierung, multispektral		29	

	Z 1	Z 2	A
Klima, Luft, Lärm			27,48,69,122
Kolloquium, Biotopkartierung		105	
Kolloquium, Seminar, Tagung	163	48,103, 105,126, 189	
Koordinierung bei der Datenverarbeitung	76		
Korrespondenzfaktorenanalyse	223		
Kosten			32
Kriteriendatei, Bildschirmdialog		45	
Kriteriendatei für Natur- und Landschaftspflege		49	
Kriteriendatei "Ökologischer Umweltschutz"		45,48	
Kulturlandschaft und Planung		48	
Lärmbelastung, Ermittlung mit Hilfe der EDV		27	
Lärmkataster		190	
Lärm, Luft, Klima			27,48,69,122
Lärmschutzbereiche, Festlegung	178		
Lärmüberwachungssystem	164		
Lagerstättenkundliche Datenbank	178		
Landesentwicklung	45		22
Landeskultur	224		

	Z 1	Z 2	A
Landespflege - EDV	201,223		
Landespflege, GRID-Programm	223		
Landesplanung, Fernerkundungsverfahren		180	
Landesplanung, Naturraumpotentialkarte		141	
Landinformationssysteme		126	
LANDSAT	73		
Landschaftsbelastung	74		
Landschaftsbewertung	301	142,143	
Landschaftsbild			61,96,137
Landschaftsdatenbank	17,75, 200,223	26,45,48	23
Landschaftsdatenbank, Bildschirmdialog		45	
Landschaftsdatenkatalog	223	46,181	20
Landschaftsentwicklung	18		
Landschaftsinformationssystem	75,223	181,182	20
Landschaftsökologisches Gutachten		189	
Landschaftsökologische Untersuchungen	17,77	49,189	21
Landschaftspflege, Auswertung von Bodenkarten für die		182	
Landschaftspflegerische Begleitplanung	17		
Landschaftsplanung	15,77, 178,200, 224,229	105,191	8,19

	Z 1	Z 2	A
Landschaftsplanung, EDV-gestützte	200	105,143	
Landschaftsplanung, ökologischer Datenbedarf	200		
Landschaftsrahmenplanung	74,77		
Land- und Forstwirtschaft, Fischerei			27,53,79,128
LEA-Infosystem		142	
Leitungsgebundene Energieversorgung	300		
Liegenschaftskarte, automatisierte		186,323	
Liegenschaftskataster		188,323	
Lineare Bedarf-Ressourcen-Programmierung		48	
Lineare Planungsrechnung		48	
Lokalisierungssystem für die Landschaftsplanung	178		
Luftbild			61,96,137
Luftbildauswertung	225	24,180	
Luftbildinterpretation - Flächennutzungskartierung	225	29	
Luftgütemeßnetz	164		
Lufthygienische-meteorologische Modelluntersuchung	178		
Luft, Klima, Lärm			27,48,69,122
Luftqualität, Anschluß- und Benutzungszwang		183	
Luftreinhaltung, rechnergestützt		187	

	Z 1	Z 2	A
Makro-ökonomisches Simulationsmodell	78		
Maschinenlesbare Flächenkataster	224		
Menschliche Lebensräume, Verstehen und Planen mit Hilfe der Biokybernetik		125	
Merkmalskategorien			27,42
Meßdaten des gewässerkundlichen Dienstes	177		
Meßdaten des Grundwasserdienstes	177		
Meßdaten zur Immissionsüberwachung	177		
Methodik, Darstellung der			35
Militär			27,61,96,137
Modellgestützte Umweltplanung	73		
Morphographie	229		
Mülluntersuchung		184	
Nachvollziehbarkeit			35
Naturräumliche Gliederung			61,96,137
Naturraumpotentialkarte	199,200	141	
Naturschutz			27,55,83,131
Naturschutzplanung			29
Naturschutz und Erholung	201		
Naturschutz und Landschaftspflege, Kriteriendatei		49	

	Z 1	Z 2	A
Nutzungsbezogene Daten			27,52,77,128
Nutzungskataster	16	337	19,21
Nutzungsplanung von Bodenschätzen	199		
Nutzwertanalyse			35
Oberflächenüberwachungssystem	164		
Ödland und Brachflächen			61,96,137
Ökologische Auswertungskarte zur Bodenkarte		182	
Ökologische Bewertung	199,201,226		
Ökologische Bewertung von Landschaften, EDV-unterstützte Modelle	201		
Ökologische Darstellung	300		20
Ökologische Daten für die Planung	76,200	143	
Ökologische Determinanten, Formulierung und Aufbereitung	229		
Ökologische Landschaftsfaktoren, Klassifikation mit dem GRID-Programm	223		
Ökologische Planung, Computereinsatz	76,229		
Ökologische Planung (Handbuch)	15	143	
Ökologische Planungsgrundlagen	78		20
Ökologische Raumeinheiten	74	190	61,96,137

	Z 1	Z 2	A
Ökologischer Datenbedarf für die Landschaftsplanung	200	143	
Ökologische Risikoanalyse	78		
Ökologischer Lastplan	229		
Ökologisches Gutachten	226		
Ökologisches Informationssystem	76		22
Ökologische Standorteignungskarte	17		
Ökologisch-ökonomisches Bewertungsinstrumentarium für die Mehrfachnutzung von Landschaften		142	21
Ökoplanung			29
Ökosystemforschung	13,301		
Pegelwesen, EDV		186	
Pflanzen- und Tierwelt			27,51,75,127
Planung, Kulturlandschaft		48	
Planung, lineare Planungsrechnung		48	
Planung, Sensibilitätsanalysen		48	
Planungsinstrumente, Umweltindikatoren als		189	
Planungskataster	16		
Planungsorientierte ökologische Raumgliederung		190	
Planungsrelevanz			32

	Z 1	Z 2	A
Planungssystem		126	
Planungs- und Informationssystem	76	186	
POLIS, Simulationsmodell		189	
Primärdaten			27,42,152
Prognoseverfahren			37
Prognosezeitraum			32
Projektorganisation			35
PRO-REGIO, Planungssystem		126	
Quantifizierung ökologischer Zusammenhänge			35
Räumliche Planung, maschinenlesbare Flächenkataster	224		
Räumliche Planung, ökologische Determinanten für	229		
Räumlicher Bezug			29
Raster	223		29,42
Rasterbezogene Flächendatenbank	223		20
Raumentwicklung, Atlas zur	223		
Raumgliederung, ökologische		190	
Raumordnung, Fernstraßenbau		44	
Raumordnung, Luftbildauswertung (Fernerkundung)		24,43,180	

	Z 1	Z 2	A
Raumordnung, Naturraumpotentialkarte		141	
Raumordnungskataster			37
Raumplanung, Auswertung von LANDSAT-Weltraumbildern		140	
Rechnergestützte Methoden für die Landschaftsplanung		105	
Rechnergestützte Umweltplanung		187	
Rechnergestützte Zeichenmaschine	300		
REGAUF, Programmsystem für die Regionalaufbereitung von Stichproben		180	
Regenerationsflächen			61,96,137
Regionalforschung, Datenbank-Informationssysteme für die		191	
Regionalplanung	16,78	126	20
Regionalplanung, Luftbildauswertung für	225		20
REGMAP	226		
Relief, Gestein, Boden			27,49,72,124
REMUS	73		
Risikoanalyse	78		
RYST	19		

	Z 1	Z 2	A
Satellitenbildauswertung		123	
Satellitenphotographie	78	50,123	
Satzform			33
Sekundärdaten			27,42,152
Seminar, Tagung, Kolloquium	163	48,103,105, 126,189	
Sensibilitätsanalyse		48	
Siedlung			27,57,87,133
Siedlungsplanung			29
Simulationsmodelle		143,144, 189	
Smogalarm, Festlegung eines Sperrbezirks	178		
Software			33,35
Sonderabfälle	15		
Sozialindikatoren - Heranziehung zur Bewertung von Umweltbelangen	177		
Sozioökonomische Situation			27,47,67,121
Subsystem "Umwelt"	78		
Systemanalyse	16		22,35
Schallausbreitung, Berechnung	226		
Schulungsaufwand			35

	Z 1	Z 2	A
Städtebauliches Informationssystem	225		
Stadt, Biotopkartierung		104	
Stadtentwicklungsplanung, Simulationsmodell POLIS		189	
Stadtforschung, Datenbank-Informationssysteme für die		191	
Stadtplanung, Luftbildauswertung für	225		
Standortanforderungen		126	
Standorteignungskarte	17		
Standortkataster	226		19
Standortplanung	15,19,224	126	22
Standortwahl	19		
Stichprobenauswertung		180	
Tagung, Ökologie		48	
Tagung, Seminar, Kolloquium	163	48,103,105, 126,189	
Tagung, Umweltschutz - EDV	163	103	
Technische Berechnungen	19		
Thermische Kraftwerke	19		
Tier- und Pflanzenwelt			27,51,75,127
Topographisches Datenbank- und Verarbeitungssystem	177		
Transmissivitätskataster		322	
Trassenvergleich, Autobahn	301		
Typisierung von Freiflächen		144	

	Z 1	Z 2	A
Überregionale Entwicklungspläne			61,96,137
Übertragbarkeit			35
Überwachungssystem von Umweltfaktoren	178		
UFOKAT	163		
UMPLIS	15,163,164	102	
UMPLIS-Bereichsdatenbanken	15,163		
Umrechnungsschlüssel			31
Umweltbeeinträchtigung, Prüfung der	301		
Umweltbelastung	228,301		19
Umwelt, Bewertung und Planung der		142	
Umweltbilanz	229		
Umweltdatenbestände	164		
Umwelt, Datenverarbeitung		102,103	
Umwelteinflüsse, Bewertungssystem		190	
Umwelt, Erfassung der physischen		191	
Umweltforschung, Fernerkundungsverfahren		180	
Umweltforschungskatalog s. UFOKAT			
Umweltforschungsplan	13,15		
Umweltgestaltung		183	19
Umwelt, Handbuch für Planung, Gestaltung und Schutz der		142	
Umweltindikatoren und -indizes	228	189	

	Z 1	Z 2	A
Umweltinformationssystem (UMPLIS)	15,163,164	102	
Umweltmodelldatei	164		
Umweltplanspiel	73		
Umweltplanung, rechnergestützte		187	
Umweltpolitik	301	46	
Umweltqualität, raumbezogene und transparente Erfassung		183	
Umweltqualität, urbane, Bewertung und Darstellung		189	
Umweltschäden, Messung und Bewertung von		189	
Umweltschutz - EDV, Tagung	163	103	
Umweltschutzinformationssystem	75	183	22
Umweltschutz, kommunal, EDV		188	
Umweltschutz, Luftbildauswertung für	225		
Umweltschutz, rechnergestützte Standortplanung	224		
Umweltschutz und Umweltplanung, graphische DV für		184	
Umweltstatistiken		12	
Umweltüberwachung, Fernerkundungsverfahren		180	
Umweltverträglichkeitsprüfung	164,301	182	

	Z 1	Z 2	A
Variablenwahl und -verarbeitung, praxisorientierte	229		
Verdichtungsraum	17,78	185	20
Verkehr			27,59,91,135
Verkehrsplanung	178		29
Verkehrssperrbezirk, Festlegung	178		
Verknüpfung und Auswertung von Erhebungsdaten	77		
Versorgungsunternehmen, Entwicklung und Einsatz der EDV	300		
Ver- und Entsorgung			27,60,93,136
Vielfaktorenkomplexe, Veranschaulichung		182	
Vorranggebiete		142,191	
Wärmelastplan		322	
Wasser			27,50,73,126
Wasserdargebotspotential, Ermittlung mit Hilfe der EDV		27	
Wasser und Abfall		187	
Wasser und Abfall, Emissionskataster für	226		
Wasserver- und -entsorgung, Atlas zur Raumentwicklung	223	180	
Wasserwirtschaft			27,52,77,128
Wasserwirtschaft, Erfassung und Speicherung von Beschaffenheitsdaten		186	

	Z 1	Z 2	A
Wasserwirtschaftliche Datenbank		186	
Wasserwirtschaftsplanung			29
Weltraumbild-Atlas	78		
Wirkungszusammenhänge, Berücksichtigung der			35
Wirkungsanalyse, EDV-gestützte Modelle zur	201	143	
Wirtschaftsplanung			29
Zeichenmaschine, rechnergestützte	300		
Zentrales Verweissystem für Umweltdatenbestände	164		

14 Fehlerberichtigungen für die Zwischenberichte 1 und 2

Im ersten Zwischenbericht (Arbeitsmaterial der ARL Nr. 22) sind folgende Fehler zu berichtigen:

- S. 13 ist unter 0.1.4 in der Spalte "Bemerkungen" für "vgl. He 4.1.1" zu setzen: "<u>nicht ausgewertet, da zu speziell</u>"

- S. 13 ist unter 0.1.5 in der Spalte "Bemerkungen" für "vgl. He 4.1.2" zu setzen: "He 4.1.<u>1</u>"

- S. 13 ist unter 0.1.6 in der Spalte "Analyse ....." zu ergänzen: "<u>Vester, F.:</u> Ballungsgebiete ....."

- S. 16 sind die gesamten Angaben unter 4.6 "Deutsche ....." zu streichen und auf S. 74 unter 4.7 einzufügen

- S. 17 ist unter 6.3.1 in der Spalte "Analyse ....." zu ergänzen: "<u>Müller, M; Ehmke, W.: 1.</u> Konzept ....."

- S. 17 ist unter 6.3.4 in der Spalte "Analyse ....." zu ändern: "..... der 'Lanespflegerischen ....." in "..... der'Lan<u>ds</u>chaftspflegerischen ....."

- S. 73 ist unter 4.4.1 in der Spalte "Analyse ....." zu ergänzen: "<u>Vester, F.:</u> Ballungsgebiete ....."

- S. 74 ist in der Spalte "Bemerkungen" zu streichen: "..... <u>und Ba 7.3.9</u>"

- S. 75: In den Auswertungsnotizen unter 7.3.6 (vgl. S. 103) fehlt die Liste "Kriteriendatei Landschaftspflege - Stichwortliste Kulturwelt". Sie wurde im 2. Zwischenbericht (Arbeitsmaterial der ARL Nr. 33) auf S. 75 aufgeführt.

- S. 164 ist unter 1.1.14 in der Spalte "Bemerkungen" für "vgl. NRW 4.9.4" zu setzen: "NRW 4.9.2"

- S. 177 ist unter 4.2.1 in der Spalte "Analyse ....." zu ergänzen: "Vester, F.: Ballungsgebiete ....."

- S. 199 ist unter 4.1.1 in der Spalte "Bemerkungen" für "vgl. Ba 9.6.1" zu setzen: "Ba 9.5.1"

- S. 227 ist unter 6.3 in der Spalte "Absender ....." zu ändern: "..... Forstplanung, Recklinghausen"

- S. 301 ist unter 7.2.1 in der Spalte "Analyse ....." zu streichen: "..... Naturschutz der Bundesforschungsanstalt für Naturschutz der ....."

Im zweiten Zwischenbericht (Arbeitsmaterial der ARL Nr. 33) sind folgende Fehler zu berichtigen:

- S. 143 ist unter 9.2.12 in der Spalte "Analyse ....." zu ergänzen: "..... und ökologischen Bewertung ....."

- S. 182 ist unter 3.1.2 in der Spalte "Analyse ....." zu ergänzen: "2. Dahmen, F.W.; ....."

- S. 330 ist im ersten Absatz zu streichen: "....., des ersten Wärmelastplans der Welt, ..." Stattdessen ist als Nachsatz zu 6.1.1 zu setzen: "Nach den Kenntnissen der Bearbeiter ist es der erste Wärmelastplan, in dem außer der Wärmelastrechnung und den unmittelbar damit zusammenhängenden Untersuchungen auch die Abflußminderungen durch Kühlwasserverluste sowie die chemischen und radiologischen Veränderungen der Flußwassertemperatur als Folge des Kraftwerkbetriebes systematisch untersucht worden sind."

ARBEITSMATERIALIEN

DER AKADEMIE FÜR RAUMFORSCHUNG UND LANDESPLANUNG

Nr. 33 : KURT OEST

EDV-GESTÜTZTE UMWELTANALYSEN UND -DATEIEN IN DER BUNDESREPUBLIK DEUTSCHLAND

Vergleichende Untersuchung der in der Bundesrepublik Deutschland mit Hilfe der EDV erstellten oder projektierten Umweltschutzanalysen,-planungen und -dateien mit raumordnerischer und ökologisch-planerischer Bedeutung
(2.Zwischenbericht)

AUS DEM INHALT

1. Vorwort

2. Einleitung

3. Überblick über einschlägige Aktivitäten in der Bundesrepublik Deutschland

    3.1 Vorbemerkungen

    3.2 Aufstellung die zur Verfügung stehenden Analysen,Planungen,Projekte,Aufsätze und entsprechende Auswertungsnotizen für die Bundesrepublik Deutschland und die Länder

    - Baden-Württemberg
    - Bayern
    - Berlin
    - Bremen
    - Hamburg
    - Hessen
    - Niedersachsen
    - Nordrhein-Westfalen
    - Rheinland-Pfalz
    - Saarland
    - Schleswig-Holstein

Als Manuskript vervielfältig

Die Veröffentlichung wird gegen Zahlung einer Schutzgebühr von 15,-DM einschließlich Verpackungs-und Portokosten zugeschickt.Akademie für Raumforschung und Landesplanung, Hohenzollernstraße 11, 3000 Hannover 1.